"十三五"职业教育国家规划教材配套教材

小视频一本通

李建容　王旭　瞿张维　主编

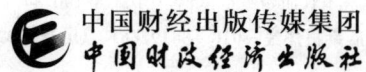

图书在版编目（CIP）数据

小视频一本通 / 李建容，王旭，瞿张维主编． --北京：中国财政经济出版社，2021.9
"十三五"职业教育国家规划教材配套教材
ISBN 978-7-5223-0731-2

Ⅰ．①小… Ⅱ．①李… ②王… ③瞿… Ⅲ．①视频制作-中等专业学校-教材 Ⅳ．①TN948.4

中国版本图书馆 CIP 数据核字（2021）第 167870 号

责任编辑：蔡 宾　　　　　责任校对：徐艳丽
封面设计：新金课

小视频一本通
XIAOSHIPIN YIBENTONG

中国财政经济出版社 出版
URL：http://www.cfeph.cn
E-mail：cfeph@cfeph.cn
（版权所有　翻印必究）
社址：北京市海淀区阜成路甲 28 号　邮政编码：100142
营销中心电话：010-88191522　编辑部门电话：010-88190666
天猫网店：中国财政经济出版社旗舰店
网址：https://zgczjjcbs.tmall.com
北京富生印刷厂印刷　各地新华书店经销
成品尺寸：185mm×260mm　16 开　9.25 印张　219 000 字
2021 年 9 月第 1 版　2021 年 9 月北京第 1 次印刷
定价：33.00 元
ISBN 978-7-5223-0731-2
（图书出现印装问题，本社负责调换，电话：010-88190548）
本社质量投诉电话：010-88190744
打击盗版举报热线：010-88191661　QQ：2242791300

编委会成员

主　编：李建容　王　旭　瞿张维
副主编：夏　超　莫若飞　程思豪
编　委：胡　勇　欧小宇　皮昭忠　彭　芬
　　　　李祖兵　向　平　周永建　王　冰

前 言

伴随着移动互联网与新媒体行业的飞速发展，信息碎片化趋势的不断加剧，社交、资讯、电商等领域纷纷采用短视频作为内容的展现方式，都希望通过短视频进行推广与营销。无论是碎片化信息的有效传达，还是与用户之间的深度互动，短视频都具有巨大的优势与潜力。短视频作为新型传播载体，在提升用户好感度、满足个性化需求、内容体验等方面创造了一个又一个奇迹。特别是农村电商的兴起，"直播+电商+短视频"等方式为农产品数字化赋能，加快了农产品网络销售，助力农户增收。

《小视频一本通》从讲解短视频编辑与制作技术的角度出发，深入浅出地阐述了短视频创作的核心元素，并结合短视频平台与短视频制作工具详细介绍了短视频编辑与制作的各种实用技能。内容包括从零开始全面认识短视频，短视频的制作流程，短视频的构图原则与方法，某音平台短视频的录制与制作，使用Premiere编辑与制作短视频，以及Premiere短视频制作实训案例等。

本书结合特色电商产品拍摄案例，内容新颖。一方面强化应用、注重技能，体现"导教相融、学做合一"的教学思想；另一方面以案例为主导，采取"目标驱动，学做合一"的教学模式，通过详细介绍案例的操作过程与方法，使读者能跟着案例演练，达到一学即会、举一反三的效果。本书还采用图解教学的体例形式，一步一图，以图析文，让读者在实操过程中更直观、更清晰地掌握短视频编辑与制作技术的流程、方法与技巧。

本书既适合作为中等职业学校相关专业的教学用书，也适合作为短视频摄像师、视频剪辑师、视频制作师、多媒体设计师等的参考用书，还可作为从事宣传、推广、直播营销、新媒体运营等人员的学习用书。

本书由重庆市垫江县职业教育中心李建容、王旭、瞿张维担任主编，由夏超、莫若飞、程思豪担任副主编，参与策划编写的还有胡勇、欧小宇、皮昭忠、彭芬、李祖兵、向平、周永建、王冰等多位老师。成书的过程中得到了学校领导、重庆恒创文化公司的指导和帮助,在此表示衷心的感谢!

由于编者水平有限,尽管我们在编写过程中力求准确、完善,但书中难免有疏漏与不足之处,恳请广大读者、相关短视频制作专家批评指正,以便进一步修改、完善。联系邮箱:djzjzx888@163.com。

编者

2021 年 7 月

课程介绍

目 录

项目 1　从零开始全面认识短视频 ……………………………………………（ 1 ）
　　任务 1　视频的特征与优势 ……………………………………………（ 1 ）
　　任务 2　短视频的类型 …………………………………………………（ 5 ）
　　任务 3　短视频的商业变现方式 ………………………………………（ 9 ）

项目 2　短视频的制作流程 ……………………………………………（ 13 ）
　　任务 1　短视频制作的前期准备 ………………………………………（ 13 ）
　　任务 2　短视频制作团队的组建 ………………………………………（ 16 ）
　　任务 3　短视频的策划 …………………………………………………（ 18 ）
　　任务 4　短视频的拍摄 …………………………………………………（ 20 ）
　　任务 5　短视频的剪辑与包装 …………………………………………（ 32 ）
　　任务 6　短视频的发布 …………………………………………………（ 35 ）

项目 3　短视频的构图原则与方法 ……………………………………（ 38 ）
　　任务 1　短视频的构图要素 ……………………………………………（ 38 ）
　　任务 2　短视频构图的基本原则 ………………………………………（ 39 ）
　　任务 3　短视频常用的构图方法 ………………………………………（ 41 ）

项目 4　短视频脚本策划与撰写 ………………………………………（ 55 ）
　　任务 1　脚本的策划 ……………………………………………………（ 55 ）
　　任务 2　脚本镜头的设计 ………………………………………………（ 57 ）
　　任务 3　分镜头脚本的撰写 ……………………………………………（ 60 ）

项目 5　短视频的录制与制作 …………………………………………（ 67 ）
　　任务 1　短视频的拍摄 …………………………………………………（ 67 ）
　　任务 2　短视频的后期处理 ……………………………………………（ 84 ）

任务3　制作短视频封面图…………………………………………………（92）

项目6　Adobe Premiere cc 软件的使用……………………………………（98）
　　任务1　认识 Adobe Premiere cc…………………………………………（98）
　　任务2　Adobe Premiere cc 使用教程……………………………………（98）
　　任务3　常用工具介绍……………………………………………………（106）
　　任务4　实训案例讲解……………………………………………………（113）

项目7　短视频项目实训……………………………………………………（123）
　　实训1　橙子短视频制作…………………………………………………（123）
　　实训2　咖啡短视频制作…………………………………………………（126）
　　实训3　牛肉短视频制作…………………………………………………（129）
　　实训4　手表短视频制作…………………………………………………（131）
　　实训5　相机短视频制作…………………………………………………（134）
　　实训6　柚美时光短视频制作……………………………………………（137）

项目 1
从零开始全面认识短视频

学习目标

- 了解短视频的特征和优势。
- 熟悉短视频的渠道类型、内容类型及生产方式类型。
- 熟悉短视频的商业变现方式。
- 了解我国短视频现状,培养读者勇于面对市场变化,接受新知识挑战意识。
- 培养读者会站在他人角度分析问题,提升共情能力,制作正能量视频的意识。

导 语

随着新媒体行业的不断发展,短视频应运而生,并迅速发展成为新时代互联网社交平台和入口之一。本章将从互联网营销角度对短视频的特征与优势、短视频的类型及短视频的商业变现方式进行介绍。学习短视频可以教育引导学生立足时代,紧跟社会发展的潮流。让学生深入生活、观察生活、热爱生活,全面提高学生的审美和人文素养。

任务 1 视频的特征与优势

问题引入

在日常生活中,短视频作为茶余饭后的娱乐方式,已经成为人们生活中重要的一部分。短视频的突然爆火,让人不经产生几个疑问,爆火的小视频有什么特征和优势呢?为什么会受到如此多的喜爱?

知识要点

短视频是一种新型视频形式,其视频长度以"秒"计数,主要依托于移动智能终端实现快速拍摄和美化编辑,可以在社交媒体平台实时分享和无缝对接。短视频融合了文字、语音和视频,可以更加直接、立体地满足用户的表达、沟通需求,满足人们之间展示与分享的诉求。

一、短视频的特征

短视频不只是长视频在时长上的缩短,也不只是非网络视频在终端上的迁移,短视频关键具备了创作门槛低、互动性和社交属性强、消费与传播碎片化的特征,其具体特征如下:

1. 长度基本保持在 10 分钟以内;
2. 整个视频内容的节奏比较快;
3. 视频内容一般比较充实、紧凑;
4. 比较适用于碎片化的消费方式;
5. 主要通过网络平台传播。

【做中学】

请做个市场小调研,了解短视频用户日常喜欢观看小视频的类型,根据调查内容填写表 1-1。

表 1-1

调查对象	视频类型	喜爱此类型视频的原因

小组讨论:

1. 根据调查结果,分析哪一类视频更受用户的喜爱?为什么会喜爱这类的视频?请发表自己的观点。
2. 当前短视频的发展都有哪些特点呢?结合书中的必备知识理解短视频的含义,认识短视频的特征。

二、短视频的优势

与长视频相比,短视频在互动性和社交属性上更有优势,已经成为人们表达自我的一种社交方式。与直播视频相比,短视频在传播性上更有优势,便于全网内容分发和消费。具体来讲,短视频主要具有以下优势。

(一) 满足移动时代碎片化需求

随着科技的快速发展,人们的生活和工作节奏越来越快,生活中的时间逐渐呈现碎片化状态。很多时候,人们没有足够完整的时间去阅读一本书,看完一期综艺节目或一部电影，而将一个作品分为很多个时间片段进行观看，既会降低效率，其效果也不理想。短视频的时长在 5 分钟以内，其短平快的大流量传播内容恰好符合信息碎片化的这一特点，从而实现了快速发展。此外，移动互联网的普及为短视频提供了良好的技术支持，资本的大量流入也推动了短视频行业的飞速发展。

> 【议一议】
>
> 短视频的时长为什么要保持在 5 分钟以内？

（二）互动性强

几乎所有的短视频都可以进行单向、双向甚至多向的交流。对于短视频发布者而言，短视频的这种优势能够帮助其获得观众的反馈信息，从而更有针对性地改进自身；对于观众而言，他们可以通过短视频与发布者产生共鸣或互动，对短视频的形象或品牌等进行传播，或者表达观众自己的意见和建议。这种互动性使短视频能够得到快速传播，使宣传或营销效果等得到有效的提升。

> 【想一想】
>
> 怎样巧妙地增加视频与人的互动性从而达到更好的宣传效果？

（三）成本低，维护简单

与电视广告、网页广告等传统视频广告高昂的制作和推广费用相比，短视频在制作、上传、推广等方面具有极强的便利性，成本较低。由于短视频消费观赏免费，用户群体数量大，视频内容精良丰富，很容易使短视频所宣传的商品的好感度与认知度得到提高，从而使其以较低的成本得到更有效的推广。短视频的迅速传播并不会耗费太多的成本，只需要其内容真正击中观众的痛点和需求点。例如，某自媒体博主自创的吐槽小视频在初期都依赖她一个人的自导自演，却轻而易举地获得了大量网友的转发和评论。

> 【想一想】
>
> 在发表短视频时，平台有什么限制条件吗？或者自己需要注意哪些事项？

（四）营销效果好

短视频是一种图、文、影、音的结合体，能够给消费者提供一种立体的、直观的感受。营销是短视频的其中一种功能，当短视频用于营销时，一般需要符合内容丰富、价值性高、观赏性强等标准。只要符合这些标准，短视频就可以赢得大多数消费者的青睐，使消费者产生购买商品的强烈欲望。短视频营销的高效性体现在消费者可以边看短视频边购买商品，这是传统的电视广告所不具备的重要优势。在短视频中，营销者可以将商品的购买链接放置在商品画面的四周或短视频播放界面的四周，从而让消费者实现"一键购买"。图 1-1 所示为淘宝商家利用某音短视频平台展示商品，其购买链接位于短视频界面下方。

图1-1 某音短视频购物

【查一查】

自行上网查找资料,初步了解短视频的营销方式和运营手段。

(五)精准营销

与其他营销方式相比,短视频具有指向性优势,因为它可以准确地找到目标受众,从而实现精准营销。短视频平台通常会设置搜索框,对搜索引擎进行优化,受众一般会在平台上搜索关键词,这一行为会使短视频营销更加精准。电商企业还可以通过在短视频平台发起活动和比赛等来聚集用户。当然,实实在在的折扣等是驱动用户参与活动的直接动力。

【议一议】

短视频平台上常见的营销手段有哪些?获取这些信息的渠道从何而来?

(六)传播速度快,覆盖范围广

短视频营销本质上属于网络营销,它可以在互联网上迅速传播,再加其时间短、更适合快节奏的生活,因此能赢得广大受众的青睐和欢迎。用户在观看短视频并进行互动的过程中,可以点赞、评论和转发。一条内容精彩的短视频,若能引发广大用户的兴趣并被他们积极转发,就很有可能达到病毒式传播的效果。许多平台上的火爆视频都可以通过被用户转发来增加热度,从而实现预期的营销效果。短视频平台除了通过自身平台转发和传播外,还可以与微博、微信等社交平台进行合作,将内容精彩的短视频通过流量庞大的微博或微信朋友圈进行分享,进而形成更多的流量,推动短视频传播范围的进一步扩大。

【做中学】

　　分小组进行活动,每个小组任选一个短视频平台(确保知名平台都有小组选择),了解发布视频的规则、步骤。分工合作拍摄并发布一则小视频,最后派代表交流此次活动的感受。

(七)营销效果可衡量

　　短视频营销具有网络营销的特点,运营者可以对短视频的传播和营销效果进行分析和衡量。一般来说,短视频的营销语言由数据构成,如点赞量、关注量、评论量、分享量等。运营者通过这些数据即可衡量出短视频的营销效果,然后筛选出可以促进销售增长的短视频,为市场营销方案提供正确的指导。

【查一查】

　　什么是短视频运营?它的运营方式有哪些?

任务2　短视频的类型

问题引入

　　经过前面的学习,对短视频有了一个初步的认识,发现短视频越来越有魅力。为了方便今后的学习,可以尝试开通一个账号,然而,怎么定位视频类型?怎样确定视频内容?短视频的生产方式有哪些?这些都是一个陌生的概念。

　　目前,各大平台上的短视频类型多种多样,其针对的目标用户群体也各不相同。下面将从短视频渠道类型、短视频内容类型及短视频生产方式类型来介绍不同类型的短视频。

一、短视频渠道类型

　　短视频渠道就是短视频的流通线路。按照平台特点和属性,短视频可以细分为五种渠道,分别是资讯客户端渠道、在线视频渠道、短视频渠道、媒体社交渠道和垂直类渠道,具体如图1-2所示。

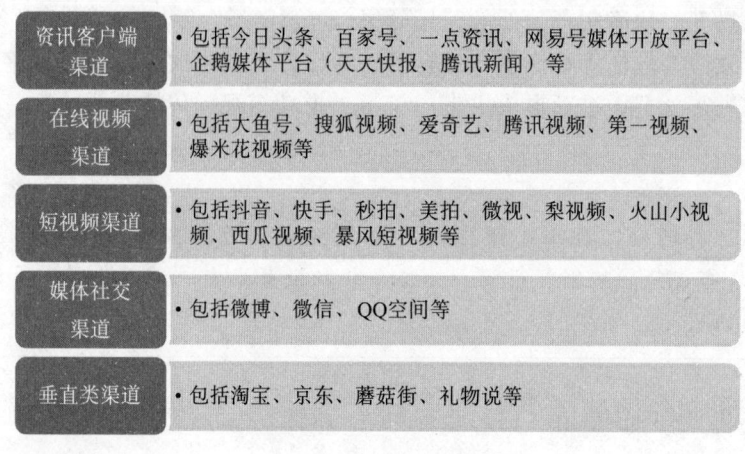

图1-2 短视频渠道

【做中学】

分三个小组进行活动，分别收集"80后""90后""00后"在五种短视频渠道中的用户量数据。根据数据绘制一幅柱状统计图。

二、短视频内容类型

按照短视频内容类型，大致分为以下7种。

（一）"吐槽"段子类

这类短视频较受人们的喜爱与关注。"吐槽"指在他人话语或某事中找到一个切入点进行调侃的行为。"吐槽"由于在使用恰当的情况下可以为观众带来极大的乐趣，因此被许多短视频创作者采用。"吐槽"段子类短视频的形式可以分为个人"吐槽"类、播报类和情景剧类。

【议一议】

对"吐槽"这一类的视频你有什么样的看法？

（二）访谈类

这类短视频比较常见，而且这种视频非常火爆，如"肥宅"这个词就是从街头采访的路人口中说出来并在网上广泛传播的。这类视频有两种形式：一种是当一个被采访者回答完问题后，提出一个问题让下一个人回答；另一种是所有的被采访者都固定回答同一个问题。这类短视频的卖点是路人的颜值及问题的话题性，由于颜值和话题性更能吸引年轻人的注意力，所以这类短视频的播放量一般不会低。

【做中学】

挑选两个网络流行词,并选派代表去随机采访路人。用手机或者相机记录下过程,拟定问题如下:

1. 你知道这个流行词的意思吗?
2. 你对于这个流行词有什么看法?

(三) 电影解说类

做电影解说类短视频,声音不一定要多好听,但一定要有辨识度和特色,而且在电影素材的选择上也很有讲究。电影素材一般选择热门电影等。做电影解说类的短视频不一定是解说电影剧情或"吐槽",也可以进行电影盘点,为网友推荐一些优秀的电影作品等。

【查一查】

查找电影解说类短视频的制作流程。

(四) 文艺清新类

这类短视频主要针对文艺青年,其内容与生活、文化、习俗、传统、风景等有关,视频内容的风格给人一种纪录片、微电影的感觉。这类短视频的画面一般很优美,色调清新淡雅。不过,这类短视频的选题是最难的,而且比较小众。与其他类型的短视频相比,这类短视频的播放量会比较少,但也有非常成功的自媒体。这类短视频虽然播放少,但粉丝黏性非常高,变现也比较容易。

【查一查】

1. 粉丝黏性的意思。
2. 文艺青年的含义。

(五) 时尚美妆类

这类短视频所针对的目标群体大多是一些对美有追求和向往的女性,她们选择观看短视频是为了能够从中学习一些化妆技巧来帮助自己变美。微博、微信公众号等平台上涌现出大量时尚美妆博主,她们通过发布自己的化妆短视频,逐渐积累自己的粉丝群体,吸引美妆品牌商与之合作,成为时尚美妆行业营销的重要推广方式和渠道之一。

【想一想】

为什么美妆视频会在网上迅速兴起?

（六）美食类

由于美食在我们的生活中占据着重要的位置，因此美食类短视频不仅能使人身心愉悦，还能让人产生共鸣。美食类短视频不仅可以向观众展示与美食有关的技能，还可以释放出拍摄者及出镜人对生活的乐观与热情。无论观众是什么身份，都会与美食产生交集。强大的普适性和较低的准入门槛，让众多内容创作者投身于美食类短视频。

【议一议】

之前网上吃播中兴起一大批"大胃王"，如今遭到了大力整顿。对于短视频中的不良现象，你对此有何看法？

（七）实用技能类

这类短视频通常以生活小窍门为切入点，如可乐的5种"脑洞"用法、勺子的8种逆天用法等，制作出精彩的技能短视频，然后通过某音短视频、微博、微视等平台进行"病毒式"传播。总体来看，这类短视频的剪辑风格清晰，节奏较快，一般情况下一个技能会在1~2分钟讲清楚，而且短视频的整体色调和配乐都较轻快，会让人有兴趣驻留并观看完毕。

【查一查】

哪几类的短视频内容最受网友的喜爱？

三、短视频生产方式类型

短视频按生产方式可以分为用户生产内容（User Generated Content，UGC）、专业用户生产内容（Professional User Generated Content，PUGC）和专业生产内容（Professional Generated Content，PGC）3种类型，其特点如图1-3所示。

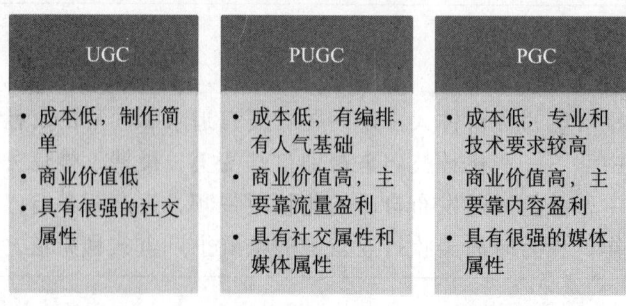

图1-3

1. UGC——平台普通用户自主创作并上传内容。普通用户指非专业个人生产者。
2. PUGC——平台专业用户创作并上传内容。专业用户指拥有粉丝基础的"网红"，或者拥有某一领域专业知识的关键意见领袖。

3. PGC——专业机构创作并上传内容，通常独立于短视频平台。

> 【议一议】
>
> 短视频中常见的制作类型有哪些？哪个生产方式的类型更适用？

任务 3　短视频的商业变现方式

问题引入

通过短视频还可以实现商业变现，现在网上很多人通过制作短视频增加了不少收益，这是一种新型商机，已经发展为新兴创业的内容。那么，短视频的商业变现模式是怎样的呢？由何种方式实现呢？

近年来，短视频由于持续火爆，已经成为很多创业者的内容创业方向之一。在短视频领域创业，创业者首先要清楚短视频的商业变现模式。目前，短视频的商业变现主要有四种方式：平台分成和补贴、广告、电商、用户付费，如图 1-4 所示。

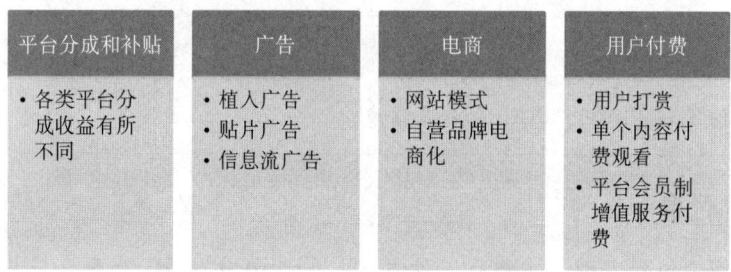

图 1-4　短视频的商业变现方式

一、平台分成和补贴

几乎每个短视频平台都有自己的分成和补贴计划，以此来激励内容创作者创作出更多的优质内容，鼓励更多新晋的优秀创作者入驻，从而为平台带来更多的流量。

> 【议一议】
>
> 身边有人在短视频领域创业吗？他的境况如何？

二、广告

短视频凭借其优质的流量、年轻化的受众群体和表现方式的多样性，受到许多广告主的青睐。当前，短视频在广告变现上主要有植入广告、贴片广告和信息流广告三种形式，具体内容介绍如下。

1. 植入广告：植入广告是指将广告信息和短视频内容相结合，通过品牌出境、剧情植入、口播等方式来传递广告主的诉求。短视频植入广告的效果一般较好，但对内容和品牌的契合度要求比较高。

2. 贴片广告：贴片广告包括互联网平台贴片和内容方贴片两种形式。互联网平台贴片通常为前置贴片，在视频播放前以不可跳过的独立广告形式出现；内容方贴片通常为后置贴片，即短视频内容结束后追加一定时间的广告内容。

3. 信息流广告：信息流广告是指出现在短视频推荐列表中的信息流广告，也是应用较多的广告形式之一。

【议一议】

日常生活中你会购买短视频植入广告中的商品吗？并说明你的理由。

三、电商

短视频凭借其丰富的信息展示、直接的感官刺激、附着的优质流量及商品跳转的便捷性，在电商变现的商业模式上具有得天独厚的优势。当前，短视频电商变现模式主要分为两类：一类以 PUGC 个人"网红"为主，通过自身的影响力为自有网店导流；另一类以 PGC 机构为主，通过内容流量为自营电商平台导流。

【查一查】

上网查询了解 PUGC、PGC 的更多信息。

四、用户付费

短视频在用户付费变现上主要有三种方式，包括用户打赏、平台会员制付费和内容商品付费。

（一）用户打赏

用户打赏，即用户对喜爱的短视频内容通过打赏的方式进行资金支持，这在直播中应用较广，而在短视频行业应用较少。

（二）平台会员制付费

平台会员制付费指用户向平台定期支付费用，获取平台付费优质内容的观看权限，目前在长视频和音频内容平台应用较广，在短视频领域还处于探索阶段。

（三）内容商品付费

内容商品付费指用户对单个内容进行付费观看，通常是知识类垂直领域的内容。

【想一想】

　　实行平台会员制付费这个方式可行性高吗？

课后习题

1. 简述短视频的特征与优势。
2. 简述短视频的渠道类型、内容类型与生产方式类型。
3. 简述短视频的商业变现方式。

能力训练

小组合作开展训练，调查并体验短视频类型，完成以下操作。
一、调查了解国内常用的短视频平台
小组合作，组内合理分工，完成下面两个调查任务：
1. 调查访问当地比较知名的文化传媒公司，收集了解当地运营较好的短视频平台，具体有_____
2. 调查访问国内主要网上购物平台，归纳总结目前国内常用的网上购物平台，具体有_____

【议一议】

　　1. 在众多的网上购物平台中，你更倾向使用哪一种？请说明你的理由。
　　2. 你觉得网上购物平台与短视频之间有何关系？

二、任选一种常用的短视频渠道，了解平台的属性和特点
根据以上调查、讨论的结果，进行组内分工，每组任选一种常用的渠道，体验该渠道类型的特征。
1. 你所选择的渠道是_____
2. 该渠道有何属性_____
3. 该渠道的特点有_____
4. 运用该平台试着发布或者转发一则你感兴趣的短视频。
该平台发布视频流程_____
三、交流体会
各小组成员组内交流讨论自己的体验，并选派代表交流体会。
1. 目前国内比较受欢迎的短视频平台有_____

2. 结合自身体验，谈谈在进行调查时，你最担心的问题是什么，采取的解决措施是

3. 结合自身体验，谈谈短视频给生活带来的便利

四、教师点评

项目 2
短视频的制作流程

学习目标

- 了解制作短视频需要做哪些前期准备工作。
- 了解短视频制作团队的组建方法。
- 掌握短视频的镜头运镜方法。
- 掌握短视频的整体制作流程。
- 培养读者完成项目的整体规划、团队协作意识。
- 培养读者的美学意识和工匠精神。

导 语

　　随着短视频领域的不断升温与巨大商业变现模式的明朗化,现在越来越多的个人或团队都争相进入短视频制作领域。那么,要制作一个短视频作品,从前期准备到后期发布,需要经历一个怎样的流程呢?本章将从短视频制作的前期准备开始,详细介绍短视频制作团队的组建,短视频的策划、拍摄、剪辑与包装、发布等过程。短视频在一定程度上促进了各国的交流,不出家门尽可知天下事。短视频在中国文化海外形象的塑造与传播,讲述中国故事方面发挥了重要作用。当代青年学生更应该承担起自觉传承和弘扬中华优秀传统文化的责任。

任务1　短视频制作的前期准备

问题引入

　　初学者尝试着在喜欢的平台上发布了视频,但是观看量非常少,效果十分不理想,明明和那些热门视频发布的内容都差不多,为什么自己发出去的阅览量那么低呢?那么,短视频究竟该怎么制作呢?需要准备些什么呢?

知识要点

"工欲善其事，必先利其器。"在制作短视频之前，我们应根据拍摄目的、投入资金等实际情况准备好拍摄设备、三脚架、声音设备、摄影棚、灯光照明设备、视频剪辑软件和脚本等。

一、拍摄设备

常用的短视频拍摄设备有手机、单反相机、DV摄像机及专业级摄像机等。若条件有限，可以使用手机进行拍摄，因为现在很多手机的拍摄功能都已经达到高清像素的标准了；此外，也有很多人使用单反相机拍摄短视频，很多优质的短视频作品都是使用单反相机拍摄出来的。在选择拍摄设备时，我们可以根据器材的功能或要拍摄的短视频题材进行选择，如表2-1所示。

表2-1　　　　　　　　　　拍摄器材选择

按器材功能选择	按短视频题材选择
清晰度	微型电影、情景剧 （选用手机或单反相机）
变焦（光学变焦、数码变焦、双摄变焦）	
防抖（光学防抖、电子防抖）	直播、街头喜剧（选用手机）
实用便捷性	
像素	采访、教学类（选用摄像机）
后动控制功能	

【做中学】

手机、单反相机、DV摄像机及专业级摄像机用来拍摄视频各有什么优缺点，请列一份对照表。

二、三脚架

无论是视频拍摄的业余爱好者还是专业技术人员，在进行视频拍摄时都离不开三脚架。拍摄者可以使用三脚架稳定摄像机，从而改善视频画面，更好地完成拍摄任务。在选择三脚架时，拍摄者一定要明确制作短视频的内容主线。若拍摄内容为街拍，一定要选用重量轻、体积小的三脚架，这样不容易引起周围人的注意，能够迅速地进入拍摄状态。若为影棚拍摄，则一定要把三脚架的稳定性放在第一位，而在三脚架的重量方面无须过多考虑。

知识卡片

三脚架按照材质分类可以分为木质、高强塑料材质、合金材料、钢铁材料、火山石、碳纤维等多种。最常见的材质是铝合金，铝合金材质的脚架的优点是重量轻，坚固。最新式的脚架则使用碳纤维材质制造，它具有比铝合金更好的韧性及重量更轻等优点，常背着三脚架外出拍照的人对于三脚架的重量都很重视，希望它能越轻越好。

按最大脚管管径分类可分为32mm、28mm、25mm、22mm等，一般来讲，脚管越大，三脚架的承重越大，稳定性越强。

按脚管的节数分为3节、4节、5节等，一般情况是，脚管节数越少，三脚架的稳定性越好，但脚管的节数越少越不便携。

按用途分类可分为用于产品拍摄、人像拍摄、风景拍摄、自拍等三脚架等。

三、声音设备

声音是制作初期短视频制作者经常忽视的问题，但随着创作的不断深入，其重要性不言而喻。除了拍摄设备自录音外，我们在拍摄时还应配备一些录音设备。

【想一想】

拍摄时常配备的声音设备有哪些？

四、摄影棚

摄影棚的搭建是短视频前期拍摄准备中成本支出最高的一部分，它对于专业的短视频拍摄团队是必不可少的。要想搭建一个摄影棚，首先需要一个30平方米左右的工作室，因为过小的场地可能会导致摄影师的拍摄距离不够。摄影棚搭建完毕，要进行内部的装修设计。装修设计必须依照短视频的拍摄主题来进行，最大限度地利用有限的场地，道具的安排也要紧凑，避免浪费空间。短视频的拍摄场景不是一成不变的，这就要求在场景设计上一定要灵活，这样才能保证在短视频拍摄过程中可以自由地改变场景。

【做中学】

分工合作，搭建一个临时摄影棚，拍摄一组复古风照片。

五、灯光照明设备

若在室内拍摄短视频，为了保证拍摄效果，需要配备必要的灯光照明设备。常用的灯具包括冷光灯、LED灯、散光灯等。其中，散光灯常用作顶灯、正面照射或打亮背景。在使用灯光照明设备时，还需要配备一些相应的照明附件，如柔光板、柔光箱、反光板、方格栅、长嘴灯罩、滤镜、旗板、调光器和色板等。

【议一议】

在紧急情况下，外出没有携带灯光照明设备，为保证拍摄效果，该怎么灵活处理？或者有什么小妙招可以用来补光？请结合生活经验交流讨论。

六、视频剪辑软件

视频剪辑软件是对视频源进行非线性编辑的软件。短视频制作者利用视频剪辑软件可以对加入的图片、背景音乐、特效、场景等素材与视频进行重新混合，对视频源进行切割或合并，通过二次编码生成具有不同表现力的新视频。目前，常用的视频剪辑软件包括Premiere、EDIUS、会声会影、爱剪辑等。

【议一议】

你所了解的身边视频剪辑人员常用的剪辑软件有哪些？

七、脚本

脚本是拍摄短视频的根本指导性文件，是短视频作品的灵魂，它为整个短视频的内容及观点奠定了基础。一个优秀的脚本可以让短视频具有更加丰富的内涵，引起观众的深度共鸣。在拍摄短视频的过程中，一切场地安排与情节设置等都要遵从脚本的设计，以避免产生与拍摄主题不符的情况。

【做中学】

设计一份毕业季的脚本，内容、题材不限，自由发挥想象力。

任务 2 短视频制作团队的组建

问题引入

在制作短视频时，发现需要准备的东西太多了，工作量庞大，而且制作周期也长。一个人制作有些力不从心，不能保证作品的质量。那么，有什么方法能解决这个问题呢？

现在短视频制作已经从独自完成转变为团队作战，因为这样才更具专业性。相对于微电影创作，短视频的时长更短，内容更丰富。要想拍摄出火爆的短视频作品，制作团队的组建不容忽视。那么，完成一个专业水平的短视频作品的制作到底需要哪些团队成员呢？

一、编导

在短视频制作团队中，编导是"最高指挥官"，相当于节目的导演，主要对短视频的主题风格、内容方向及短视频内容的策划和脚本负责，按照短视频定位及风格确定拍摄计划，协调各方面的人员，以保证工作进程。另外，在拍摄和剪辑环节也需要编导的参与，所以这个角色非常重要。编导的工作主要包括短视频策划、脚本创作、现场拍摄、后期剪辑、短视频包装（片头、片尾的设计）等。

【查一查】

查找短视频策划的编写流程。

二、摄像师

优秀的摄像师是短视频能够成功的一半,因为短视频的表现力及意境都是通过镜头语言来表现的。一个优秀的摄影师能够通过镜头完成编导规划的拍摄任务,并给剪辑留下非常好的原始素材,节约大量的制作成本,并完美地达到拍摄目的。因此,摄像师需要了解镜头脚本语言,精通拍摄技术,对视频剪辑工作也要有一定的了解。

【议一议】
　　交流讨论,想要成为一名合格的摄像师需要具备哪些条件?

三、剪辑师

剪辑是声像素材的分解重组工作,也是对拍摄素材的一次再创作。将素材变为作品的过程,实际上是一个精心的再创作过程。

剪辑师是短视频后期制作中不可或缺的重要职位。一般情况下,在短视频拍摄完成之后,剪辑师需要对拍摄的素材进行选择与组合,舍弃一些不必要的素材,保留精华部分,还会利用一些视频剪辑软件对短视频进行配乐、配音及特效工作,其根本目的是更加准确地突出短视频的主题,保证短视频结构严谨、风格鲜明。对于短视频创作来说,后期制作犹如"点睛之笔",可以将杂乱无章的片段进行有机组合,形成一个完整的作品,而这些工作都需要剪辑师来完成。

【查一查】
　　翻阅书籍或上网查找资料,寻找全国有名的剪辑师及其剪辑的代表作片段,自行进行片段赏析。

四、运营人员

虽然精彩的内容是短视频得到广泛传播的基本要求,但短视频的传播也离不开运营人员对短视频的网络推广。新媒体时代下,由于平台众多,传播渠道多元化,若没有一个优秀的运营人员,无论多么精彩的内容,恐怕都会淹没在茫茫的信息大潮中。由此可见,运营人员的工作直接关系着短视频能否被人们注意,进而进入商业变现的流程。运营人员的主要工作内容如表 2-2 所示。

表 2-2　　　　　　　运营人员的主要工作内容

序号	运营人员	主要工作内容
1	内容管理	为短视频提供导向性意见
2	用户管理	负责手机用户反馈、策划用户活动、筹建用户社群等
3	渠道管理	掌握各种渠道的推广动向,积极参与各种活动
4	数据管理	分析单渠道播放量、评论数、收藏数、转发数后的意义

> 【议一议】
>
> 哪些人适合做短视频运营？他们身上有什么共通的特质吗？

五、拍摄对象

拍摄短视频所选的演员一般都是非专业的，在这种情况下，一定要根据短视频的主题慎重选择，演员和角色的定位要一致。不同类型的短视频对演员的要求是不同的。例如，脱口秀类短视频倾向于一些表情比较夸张，可以惟妙惟肖地诠释台词的演员；故事叙事类短视频倾向于演员的肢体语言表现力及演技；美食类短视频对演员传达食物吸引力的能力有着较高的要求；生活技巧类、科技数码类及电影混剪类短视频等对演员没有太多演技上的要求。

> 【想一想】
>
> 在你的身边有适合当演员的同学吗？他们适合当什么类型的演员？

任务3　短视频的策划

问题引入

很多人在利用了当前网络的热点和潮流为自己的作品获得了很好的流量，因此有人模仿，但效果却截然不同。作为短视频内容的创作者，要明确了解短视频内容的定位，所以短视频策划是一个很重要的事情。

为了能够更深层次地诠释内容，将短视频作品的主题表达得更清楚，实现资源的优化配置，我们在拍摄短视频时需要进行周密的策划。短视频的策划主要包括脚本策划与撰写、素材的安排及镜头流动。

一、短视频脚本策划与撰写

脚本相当于短视频的主线，用于表现故事脉络的整体方向。要想制作出别具一格的短视频作品，短视频脚本的策划与撰写不容忽视。例如，在拍摄一款男鞋短视频时，若考虑公域流量的抓取，首先要将短视频的时长控制在9~30秒；其次明确短视频的目标受众群体、拍摄地点、拍摄对象，每个场景凸显一个卖点即可；再次要挑选出一些买家特别关心的卖点，如鞋子的透气性、耐磨、防滑等；最后要明确每个工作人员各自负责的工作，如准备服装、音乐等。

脚本有三种类型（即拍摄提纲、文学脚本和分镜头脚本）：

（一）拍摄提纲

拍摄提纲就是为短视频搭建的基本框架。在拍摄短视频之前，我们将需要拍摄的内容罗列出来。选择拍摄提纲这类脚本，大多是因为拍摄内容存在着不确定的因素。拍摄提纲比较适合纪录类和故事类短视频的拍摄。

【议一议】

寻找一份优秀的拍摄提纲模板，谈谈你的感受。

（二）文学脚本

文学脚本在拍摄提纲的基础上增添了一些细节内容，使脚本更加丰富、完善。它将拍摄中的可控因素罗列出来，而将不可控因素放置到现场拍摄中随机应变，所以在视觉和效率上都有提升，适合一些不存在剧情、直接展现画面和表演的短视频的拍摄。例如，"罐头视频"就是运用这种脚本方式的代表之一。

【查一查】

查找现场拍摄中常见的不可控因素。

（三）分镜头脚本

分镜头脚本最细致，可将短视频中的每个画面都体现出来，对镜头的要求会逐一写出来，创作起来最耗费时间和精力，也最为复杂。

分镜头脚本的创作必须充分体现短视频故事所要表达内容的真实意图，还要简单易懂，因为它是一个在拍摄与后期制作过程中起着指导性作用的总纲领。此外，分镜头脚本还必须清楚地表明对话和音效，这样才能让后期制作完美地表达原剧本的真实意图。

【做中学】

试着寻找一份优秀的分镜头脚本，谈谈分镜头脚本应包含哪些要素。

二、按照大纲安排素材

短视频大纲属于短视频策划中的工作文案。创作者在撰写短视频大纲时要注意两点：一是大纲要呈现出主题、故事情节、人物与题材等短视频要素；二是大纲要清晰地展现出短视频所要传达的信息。

知识卡片

主题　短视频大纲中必须包含的基本要素，是短视频要表达的中心思想，即"你想向观众传递什么信息"。

故事情节　短视频拍摄的主要部分，包括故事和情节两部分。故事要通过叙事的六要素进行描述，包括时间、地点、人物、起因、经过、结果，而情节用来描述短视频中人物所经历的波折。

　　人物与题材　不同题材的作品有着不同的创作方法和表现形式。拍摄短视频时，还要注意严格把控素材的时效性。

三、镜头流动，引导关注

　　观众在观看短视频时所感受到的时间和节奏变化，都是由镜头流动产生的。短视频以镜头为基本的语言单位，而流动性就是镜头的主要特性之一。镜头流动除了表现在拍摄物体的运动上之外，还表现在摄像机的运动上。

> 【议一议】
> 　　日常生活中还有哪些运镜知识或常用技巧，互相讨论交流。

任务4　短视频的拍摄

问题引入

　　在进行实际拍摄时，听到身旁有专业人士讨论着一些拍摄专有名词，处于一种似懂非懂的状态中，看来需要学习的地方还有很多，道路任重而道远。那么，该如何运用镜头？怎样处理画面呢？

　　下面将介绍在进行短视频拍摄时需要掌握的一些方法和技巧，如镜头语言、使用定场镜头、空镜头、分镜头、镜头移动拍摄和使用灯光等。

一、镜头语言

　　短视频创作者需要了解的镜头语言主要包括景别、摄像机的运动及短视频的画面处理方法。

镜头语言

（一）景别

　　景别是指被摄主体和画面形象在电视屏幕框架结构中所呈现出的大小和范围。它是由摄影机从不同距离（包括镜头焦距的长短）对拍摄物进行拍摄而得到的。

　　景别的产生，标志着电影的一大进步，它由固定位置的摄影变成移动摄影，由单一的视点变成多种多样的视点；大至宏观世界，小至微观领域，都能尽收眼底，仿佛见其人、观其画、临其境、感其情，得到审美享受。不同景别，往往表现着不同的视野、空间范围、视觉韵律和节奏。景别不同，表现内容和功用均不相同。

知识卡片

景别越大，环境因素越多。景别越小，强调因素越多。

1. 远景镜头。远景即表现广阔空间或开阔场面的画面。远景是电视景别中视距最远、表现空间范围最大的一种景别。远景视野深远宽阔，要表现地理环境、自然风貌和开阔的场景和场面。如果细分，远景画面还可分为大远景和远景两类。远景画面特点为开朗、舒展，一些宏大形体的轮廓线能够在画面中表现清楚。

【议一议】

观看格利菲斯1916年导演的《党同伐异》，观察并总结里面有哪些场景运用的是远景镜头，交流并讨论。

2. 全景镜头。全景即表现人物全身形象或某一种具体场景全貌的画面。全景主要用来表现被摄对象的全貌或被摄人体的全身同时保留一定范围的环境和活动空间。全景画面能够完整地表现人物的形体动作，可以通过对人物形体动作的表现来反映人物内心情感和心理状态，如图2-1所示。

图 2-1

知识卡片

全景画面中包含整个人物形貌，既不像远景那样由于细节过小而不能很好地进行观察，又不会像中、近景画面那样不能展示人物全身的形态动作。在叙事、抒情和阐述人物与环境的关系的功能上，起到了独特的作用。

3. 中景镜头。中景即表现成年人膝盖以上部分或场景局部的画面，更重视具体动作和情节，常被作为叙事性的描写。中景画面削弱了外沿轮廓线的表现因素，加强和突出了物体内部结构线的表现因素，有利于交代人与人、人与物之间的关系，如图2-2所示。

图 2-2

【案例】

例如影片《红色娘子军》里,琼花双手接过银毫子,欲言又止,慢慢转眼离去,若有所思,忽然又回身向常青深致一鞠躬,随即转身跑了。这个中景,细致描绘了琼花大半身的富有个性的动作,缕析了她的心理层次,给人留下深刻的印象。

中景有时可以表现两三个人的活动,让观众注意到他们之间的关系。还以《红色娘子军》为例,洪常青扮作南洋富商来到南府,晚宴后南霸天和管家送洪常青休息。南霸天不满的看了管家一眼说:"你呀,太多虑了,这样狐疑不决怎么能办大事呢?"管家阴森着脸,冷冷地说:"总爷,你不要大意失荆州。"这一组画面放在同一个中景中来处理,让观众对他们的举止和神情看得清清楚楚,把两个人的个性鲜明,生动地刻画出来了。

【查一查】

收集查找电影中经典的中景画面。

4. 近景镜头。近景即表现成年人胸部以上部分或物体局部的画面。近景表现的画面进一步缩小,画面内容更趋单一。吸引观众注意力的是画面中主导地位的人物形象或被摄主体,常被用来细致地表现人物的画面神态和情绪,如图 2-3 所示。

图 2-3

【议一议】

近景的优缺点有哪些？交流讨论一下。

5. 特写镜头。特写即表现成年人肩部以上的头像或某些被摄对象细部的画面。特写画面内容单一，揭示被摄对象的内部特征及本质内容，可起到放大形象、强化内容、突出细节等作用，会给观众带来一种预期和探索的意味，如图 2-4 所示。

图 2-4

特写画面通过描绘事物最有价值的细部，排除一切多余形象，从而强化了观众对所表现的形象的认识，并达到透视事物深层内涵、揭示事物本质的目的。

【议一议】

特写镜头最早是由谁创造、使用的？它的发展历程是怎样的？

知识卡片

远景作用：主要强调场面的深远。
全景作用：显示人物相对的动作状态（人物的全身都可见）。
中景作用：符合一般的人物视野，它的场景看起来不远不近（人物膝盖以上）。
近景作用：能看清人物表情（取人物的上半身或其他部分）。
特写作用：放大人物的面部，人体或物体的一个局部（突出局部）。

二、摄像机的运动

摄像机的运动一般包括以下几种类型。

1. 推：即推拍、推镜头，指被摄体不动，由拍摄机器做向前的拍摄运动。取景范围由大变小，分为快推、慢推与猛推，与变焦距推拍存在本质的区别。

摄像机的运动

2. 拉：指被摄体不动，由拍摄机器做向后的拍摄运动。取景范围由小变大，可分为慢拉、快拉、猛拉。

3. 摇：指摄影、摄像机位置不动，机身依托于三脚架上的底盘做上下、左右、旋转等运动，使观众如同站在原地环顾、打量周围的人或事物。

4. 移：又称移动拍摄。从广义说，运动拍摄的各种方式都为移动拍摄，但在通常的意义上，移动拍摄专指把摄影、摄像机安放在运载工具上，沿水平面在移动中拍摄被摄体。移拍与摇拍结合可以形成摇移拍摄方式。

【想一想】
　　在快速的推拉摇移中，怎样确保镜头画面的稳定？

5. 跟：指跟踪拍摄。跟移是其中一种，还有跟摇、跟推、跟拉、跟升与跟降等，即将跟摄与拉、摇、移、升、降等20多种拍摄方法结合在一起，同时进行。总而言之，跟拍的手法灵活多样，它能使观众的视线始终放在被跟摄人体、物体上。

6. 升：上升摄影、摄像。

7. 降：下降摄影、摄像。

8. 俯：俯拍，常用于宏观地展现环境、场合的整体面貌。

9. 仰：仰拍，常带有高大、庄严的意境。

10. 甩：甩镜头，即扫摇镜头，指从一个被摄体甩向另一个被摄体，表现急剧的变化，作为场景变换的手段时不露剪辑的痕迹。

11. 悬：悬空拍摄，有时还包括空中拍摄，具有广阔的表现力。

12. 空：又称空镜头、景物镜头，指没有剧中角色（不管是人还是动物）的纯景物镜头。

【案例】
　　电影《李双双》的开头：阳光照耀下的山谷，山村田野。这一空镜头交待了李双双的故事发生在一个秀丽的小山村。电影《被告山杠爷》的开头有一连串的空镜头南方的群山、炊烟袅袅的农院，草木和成熟的庄稼。这一连串的空镜头，把观众带到了中国西部偏远的山村、丘陵。

【议一议】
　　通过这个案例，你对空镜头有更层次的理解了吗？互相交流讨论。

13. 切：转换镜头的统称。任何一个镜头的剪接，都是一次"切"。

14. 综：指综合拍摄，又称综合镜头。它是将推、拉、摇、移、跟、升、降、俯、仰、旋、甩、悬、空等拍摄方法中的几种结合在一个镜头里进行拍摄。

15. 短：指短镜头。电影一般指30秒（每秒24格）、约合胶片15米以下的镜头；电视一般指30秒（每秒25帧）、约合750帧以下的连续画面。

16. 长：指长镜头。影视都可以界定在30秒以上的连续画面。

17. 变焦拍摄：摄影、摄像机不动，通过镜头焦距的变化，使远方的人或物清晰可见，或使近景从清晰到虚化。

18. 主观拍摄：又称主观镜头，即表现剧中人的主观视线、视觉的镜头，常有可视化的心理描写的作用。

知识卡片

推镜头的作用：

1. 把观众带入故事环境；
2. 把被摄主体（人或物）从众多的被摄对象中突出出来；
3. 突出人物身体某一部分的表演，如脸、手、眼睛等；
4. 强调、夸张某一被摄物体的局部；
5. 代表剧中人物的主观视线；
6. 表现人物的内心感受。

三、短视频的画面处理方法

短视频的画面处理方法主要包括以下几种。

短视频的处理方法

淡入：又称渐显。指下一段戏的第一个镜头光度由零度逐渐增至正常的强度，如舞台的"幕启"。

淡出：又称渐隐。指上一段戏的最后一个镜头由正常的光度逐渐变暗到零度，如舞台的"幕落"。

化：又称溶，指前一个画面刚刚消失，第二个画面同时涌现，两者是在溶的状态下完成画面内容的更替。其用于时间转换，表现梦幻、想象、回忆；表现景物的变幻莫测，令人目不暇接；自然承接转场，叙述顺畅。化的过程通常有3秒左右。

【做中学】

观看《惊天魔盗团》这部电影，找出运用"化"这种处理手法的片段，并进行赏析。

叠：又称叠印，指前后画面都有部分留存在银幕或荧屏上。这是通过分割画面来表现人物的联系，推动情节的发展。

划：又称划入划出。它不同于化、叠，而是以线条或用几何图形，如圆、菱、帘、三角、多角等形状或方式改变画面内容的一种技巧。例如，用"圆"的方式"圈入圈出"画面，用"帘"的方式像卷帘子一样使镜头内容发生变化。

入画：指角色进入拍摄机器的取景画幅中，可以经由上、下、左、右等多个方向。

出画：指角色原在镜头中，由上、下、左、右离开拍摄画面。

定格：指将视频的某一格、某一帧通过技术手段增加若干格、帧相同的画面，以达到影像处于静止状态的目的。例如，电影、电视画面的各段都是以定格开始，由静变动，最后以定格结束，由动变静。始，由静变动，最后以定格结束，由动变静。

倒正画面：以屏幕的横向中心线为轴心，经过180°的翻转，使原来的画面由倒到正，或由正到倒。

翻转画面：以屏幕的竖向中心线为轴线，使画面经过180°的翻转后消失，引出下一个镜头。一般表现新与旧、穷与富、喜与悲、今与昔的强烈对比。

> 【议一议】
>
> 视频翻转软件如何将视频画面旋转?

起幅:指摄像机开拍的第一个画面。

落幅:指摄像机停机前的最后一个画面。

闪回:表现人物内心活动的一种手法,即突然以很短暂的画面插入某一场景,用于表现人物此时此刻的心理活动和感情起伏,手法极其简洁、明快。"闪回"的内容一般为过去出现的场景或已经发生的事情,而用于表现人物对未来或即将发生的事情的想象和预感则称为"前闪",它们统称为"闪念"。

> 【想一想】
>
> 一般什么类型的视频,经常会运用到闪回这种处理手法?

蒙太奇:指将一系列在不同地点、从不同距离和角度、以不同方法拍摄的镜头排列组合起来。它大致可以分为"叙事蒙太奇"与"表现蒙太奇",前者主要以展现事件为宗旨,一般的平行剪接、交叉剪接都属于此类;后者则是为加强艺术表现与情绪感染力,通过"不相关"镜头的相连或内容上的相互对照而产生原本不具有的新内涵。

剪辑:短视频拍摄完成后,依照剧情发展和结构的要求,将各个镜头的画面和声音经过选择、整理和修剪,然后按照蒙太奇原理和富有艺术效果的顺序组接起来,成为一个内容完整、具有艺术感染力的作品。

> 【查一查】
>
> 上网查找蒙太奇的诞生过程。

四、定场镜头

定场镜头是短视频一开始,或一场戏的开头,用来交代故事发生的时间和地点的镜头。定场镜头可以交代故事的社会背景,为短视频奠定节奏,营造短视频的气氛和感情基调。

定场镜头是拍摄短视频的核心镜头之一,它告诉观众在哪里或什么时候下一个场景将会发生。定场镜头的拍摄手法包括常规拍摄、结合情节、建立地理概念及确定时间等。

> 【议一议】
>
> 技巧分享,怎样运用定场镜头拍出富有新意的视频?

(一)常规拍摄

从一个大环境切换到具体的场景。例如,从办公大楼进入主角所在的办公室。在拍摄时,还可以结合广角镜头、仰视拍摄、变体拍摄等技巧。

（二）结合情节

将故事融入定场镜头中。例如，镜头中出现了一位在办公室中情绪非常焦急的工作人员，观众不知道是什么原因导致他这样焦急，从而产生好奇心，将注意力集中到故事情节中。

【案例】

变体拍摄：将镜头拉近到某一扇窗户结束时，这是一个更清晰的线索，暗示下一步要去的地方。有时候观众会认为这类镜头比较老套乏味，但依然很有效。即使他们能传递大量信息，但仍然是情节中的一次生硬停顿。

包含故事情节的定场镜头：我们看到相同的一条熙熙攘攘的大街，主角抱着一大堆文件匆匆走过；紧跟着是摇镜头，跟着她跑进底楼大厅，冲进快要关门的电梯。这组镜头包含着同样的信息，但也已经讲了一小段故事。

这样的场景经典拍摄方式是将前景的表演融入定场镜头中。例如，在电影《筋疲力尽》的开始部分米歇尔杀了警察，于是电影的开始段落米歇尔在担心什么时候会被发现并且抓捕，观众也在心里担心主角在哪一刻将被抓捕。报纸，当时信息传递最快的手段成为这一部分的线索，因为当登报了之后米歇尔便要开始躲避警察的逮捕。

【议一议】

通过对此案例的了解，在认识变体拍摄上你有了什么新的想法。

（三）建立地理概念

通过定场镜头让观众知道主角在哪里，是什么地方，以及事物和人物之间有着怎样的联系，防止观众因地理概念的混淆而从故事情节上分心。

【案例】

场景假设：定场镜头——海伦的办公室

常规拍摄：可能包括一个展现办公大楼的远景，然后当切入一个海伦在办公桌前的镜头时，我们就知道目前的位置是：在她的办公楼内。我们已经看到一栋大型的现代办公楼，非常高级和昂贵，坐落于曼哈顿市中心，熙熙攘攘的街道显示这是在纽约，是一个喧嚣的工作日。

非常规做法：当遇到高楼时候的定场镜头也可以通过仰摄得到，这种情况下的仰摄不仅传达了地理概念，同时也告诉观众还要进到里面去。

【想一想】

常规拍摄与非常规拍摄进行对比,哪一种更有优势?

(四) 确定时间

在同一地点回到之前拍摄的定场镜头,但时间确实不一样,可以是一天后、一周后、一年后等,观众一般会记得早期的镜头,所以使用相同的定场镜头(同一拍摄地点)切换白天、夜晚或不同的季节,可以巧妙地展现时间的流逝。

【做中学】

观看《盗梦空间》这部电影,整理一些经典的定场镜头。

五、使用空镜头

空镜头和分镜头

空镜头又称"景物镜头",也就是说短视频中不出现人物(主要指与剧情有关的人物)的镜头,经常用来介绍故事的环境背景,交代时间、空间,抒发人物感情,推进故事情节,表达作者态度等,具有说明、暗示、象征、隐喻等功能。

在短视频中,使用空镜头就像写文章时的景物描写一样,能够产生借物寓情、触景生情、情景交融、渲染意境、烘托气氛、引起联想等艺术效果,在画面的时空转换和调节短视频节奏方面也有着独特的作用。

空镜头主要分为两类:一类以景为主、物为陪衬,如群山、山村全景、田野、天空等,使用这类镜头转场既可以展示不同的地理环境、景物风貌,又能表现时间和季节的变化;另一类以物为主、景为陪衬,如在镜头前飞驰而过的火车、街道上的汽车,以及室内陈设、建筑雕塑等各种静物。空镜头的运用已经成为短视频创作者将抒情手法与叙事手法相结合,增强艺术表现力的重要手段。

【议一议】

空镜头有哪些美学效果?

六、使用分镜头

分镜头可以简单地理解成短视频的一小段镜头,电影就是若干个分镜头剪辑而成的。分镜头是一个很关键的概念,它的作用是使人们能够从不同视角、不同方面了解画面所要表达的主题。多使用分镜头,可以让观众更全面、快速地了解被拍摄对象,更有兴趣观看下去。

例如,在拍摄旅行短视频时,可以使用"地点+人物+事件"的分镜头组合方式:用第一个分镜头告诉大家"这是哪里",可以拍一段展示周边环境和建筑全貌的画面;再拍一段分镜头,告诉大家"拍的是什么",可以拍一段展现人物全身或物体局部的画面;最后用一个分镜头告诉大家"拍摄的主体在这里做什么",可以拍摄人物的动作或行为等。

【议一议】

　　讨论并交流分镜头还有哪些作用？

七、镜头移动拍摄

　　动静结合的拍摄，即"动态画面静着拍，静态画面动着拍"。在拍摄动态画面时，镜头最好保持静止。动态画面指拍摄的画面本身在动，如冒热气的咖啡、路上的行人、翻涌的浪花、不停变化的灯光等。这类画面由于被拍摄者本身在动，若拍摄时镜头也有大幅度的移动，会让整个画面显得混乱，找不到拍摄的主体。因此，当拍摄完一个画面后，尝试换一个角度，同样不要动，完成下一个分镜的拍摄。图2-5所示为拍摄在商务场合行走的人的短视频画面。

图2-5　行走的人

知识卡片

　　摄影机沿水平方向做各方面的移动。（"升""降"是垂直方向）。
　　三种情况：
　　1. 人不动，摄影机动；
　　2. 人和摄影机都动（接近"跟"，但是，速度不一样）；
　　3. 跟镜头（跟）。摄影机跟随被摄主体一起运动。
　　"跟"与"移"的区别：
　　（1）摄影机的运动速度与被摄主体的运动速度一致；
　　（2）被摄主体在画面构图中的位置基本不变；
　　（3）画面构图的景别不变。

八、使用灯光

　　在室内拍摄短视频需要使用灯光，这时要注意光度、光位、光质、光型、光比和光色等要素。

（一）光度

光度是光源发光强度和光线在物体表面的照度，以及物体表面呈现的亮度的总称。光源发光强度和照射距离影响照度，照度大小和物体表面色泽影响亮度。光度与曝光直接相关，在拍摄短视频时，掌握好光度与准确曝光才能主动地控制被摄体的影调、色彩及反差效果。

> **【查一查】**
>
> 查一查照度的定义，并了解相关知识。

（二）光位

光位指光源相对于被摄体的位置，即光线的方向与角度。同一对象在不同的光位下产生不同的明暗造型效果。光位主要有正面光、前侧光、侧光、后侧光、逆光、顶光与脚光等。

知识卡片

1. 面光：装在舞台大幕之外，观众席顶部的灯，有第一道、第二道面光灯，后面的楼面光灯、中部聚光灯等也有类似作用。面光是舞台中不可缺少的。主要投向舞台前部表演区（如大幕线后8~10m），供人物造型用或构成舞台上物体的立体效果。多用聚光灯、可调焦距和光圈，少量采用回光灯，并有装置追光灯的可能。

2. 侧面光：在剧场楼上观众席两翼所装设的部分灯具，光线从两侧投向舞台前，表演区作为面光的补充。

3. 耳光：分左、右耳光，装在舞台大幕外左右两侧靠近台口的位置，光线从侧面投向舞台表演区。与面光相似，呈左右交叉地射入舞台表演区中心，用于加强舞台布景、道具和人物的立体感，是舞台必不可少的光，尤其是可作为舞蹈的追光，随演员流动。耳光应能射到舞台的每个部分。

4. 顶光：在大幕后顶部的聚光灯具，一般装在可升降的吊桥上，也可装在吊杆上，主要投射于中后部表演区，从台口檐幕向后顺序安装为：一顶光、二顶光、三顶光、四顶光；投射于中后部表演区，用夹具装在管子上，在所需处定位，也可吊在吊杆上（如跟踪机构），主要用于需从上部进行强烈照明的场合。可分别由前部、上部和后部投射，根据不同时间要求，决定方向、光柱、孔径。

5. 顶排光：舞台上部的排灯，装在每道檐幕后边吊杆上，形成一排排条灯，成为一排光、二排光、三排光等。给整个舞台以均匀照明，用于表演区或布景，为使照明均匀布置，其与顶光灯之间应保持一定的距离。这是一种不可缺少的舞台灯，开会、报告、演出均需要，一般剧场装3~4排，特深舞台可增加1~2排。

（三）光质

光质是指光线聚、散、软、硬的性质。聚光的特点是来自一种明显的方向，产生的阴影明晰而浓重；散光的特点是来自若干个方向，产生的阴影柔和而不明晰；光的软硬程度取决于若干因素，光束狭窄的比光束宽广的通常要硬一些。

在硬光的照明下，被摄体上有受光面、背光面和影子，可以造成明暗对比强烈的造型效果，适合表现被摄体粗糙表面的质感，这样的造型效果可以使被摄体形成清晰的轮廓形态的形象。

软光照明由于光质柔和，没有明显的受光面、背光面和影子，反差柔和，所以对被摄体的立体感、质感的表达较弱，适合表现光滑表面的质感。在软光的照明下，被摄体的色彩、明暗结构显得十分重要。

【议一议】

柔光和硬光通常用来拍摄什么物体？同学之间进行交流讨论。

（四）光型

光型指各种光线在拍摄短视频时的作用，分为主光、轴光、修饰光、轮廓光、背景光和模拟光。

知识卡片

1. 主光：又称"塑形光"，是指用以显示景物、表现质感、塑造形象的主要照明光。
2. 辅光：又称"补光"，用以提高由主光产生的阴影部亮度，揭示阴影部细节，减小影像反差。
3. 修饰光：又称"装饰光"，是指对被摄景物的局部添加的强化塑形光线，如发光、眼神光、工艺首饰的耀斑光等。
4. 轮廓光：指勾画被摄体轮廓的光线，逆光、侧逆光通常都用作轮廓光。
5. 背景光：灯光位于被摄者后方朝背景照射的光线，用以突出主体或美化画面。
6. 模拟光：又称"效果光"，用以模拟某种现场光线效果而添加的辅助光。

（五）光比

光比是指被摄体主要部位的亮部与暗部的受光量差别，即主光与辅光的差别。光比大，反差就大，有利于表现"硬"的效果；光比小，反差就小，有利于表现"柔"的效果。

【查一查】

查找光比的测量方法和计算方法。

（六）光色

光色是指光的颜色或色光成分，通常将光色称为色温，它决定了光的冷暖感，可以激发许多情感上的联想。

> 【做中学】
>
> 拍摄一段日落时的画面,并分析里面的光是由何种颜色组成的。

任务5 短视频的剪辑与包装

问题引入

通过前面的学习,已经掌握一定的技能,能独立完成一段视频的拍摄任务了。但为了能让视频达到更好的效果,求助那些熟练剪辑视频的人员是必不可少的。那么,后期究竟有什么魔力呢?它的技巧有哪些?

短视频拍摄完成后,接下来就是剪辑师的工作了。剪辑师对于短视频最后的输出成片有着很大的影响。在对短视频剪辑与包装的过程中,剪辑师需要注意以下方面。

一、合理利用与整合素材

在短视频制作领域,素材的积累与整合非常重要,合理地利用已有资源可以大大提高工作效率。短视频的后期制作需要添加音乐素材、模板素材及滤镜素材等,在使用这些素材时不要忽视版权方面的问题。

> 【议一议】
>
> 在添加素材时应该注意哪些事项?交流并讨论。

二、视频剪辑突出核心和重点

视频剪辑是为短视频赋予第二次生命的过程。在剪辑过程中,剪辑师会将个人对于整个短视频故事情节的理解投入其中,这就意味着最后的成片会突出哪些方面是由不同的剪辑手法决定的,所以剪辑师必须要对短视频要表达的主题有足够的理解,这样才能让视频剪辑突出核心和重点。

> 【查一查】
>
> 收集关于剪辑手法的资料。

三、背景音乐与视频画面相呼应

短视频的背景音乐除了配合画面内容的发展之外,也是短视频内容的重要表现形式。在选择背景音乐时,我们要注意音乐的节奏感、音乐类型、音乐歌词是否与内容表达一致等。在处理短视频声音时,要注意以下问题。

1. 在同一画面中，经常会出现多种不同的声音，这时就需要使其中的一种声音突出表现，以引起观众对该声音发声体的注意。

2. 当多种声音并列出现时，应对声音的主次进行适当调节，如降低繁华街道中的嘈杂声，放大人物的声音等。

> 【议一议】
>
> 有什么好的方法能对视频进行降噪？

1. 将不同的发声体按照短视频内容的需求进行安排，使其形成反衬效果。

2. 用同一声音对同一事物或动作进行渲染时，将声音进行此起彼伏的处理，以渲染场景的特定气氛。

3. 接应式声音交替处理，即同一声音此起彼伏，前后相继，对同一事物或动作进行渲染。这种有规律节奏的接应式声音交替经常用来渲染某一场景的气氛。

4. 转换式声音交替，即利用两个音调或节奏相似的声音制造从一种声音转换为两种声音的效果，这样既能发挥音乐的感染性，又能使观众保持对声音效果带来环境真实性的认可。

5. 有声与无声交替，无声可以与有声在情绪和节奏上形成鲜明的对比，具有强烈的艺术感染力。例如，暴风雨后的寂静无声会使人感到时间的停顿、生命的静止，给人以强烈的情感冲击。需要注意的是，无声的场景在视频中不能过多，否则会降低节奏，失去感染力，致使观众产生烦躁的情绪。

6. 在处理声音时，避免无用声音的堆砌，应发挥声音与画面结合的最佳效果。

> 【议一议】
>
> 盘点影视剧中有哪些背景音乐与画面完美呼应的场景。

四、镜头的剪辑

镜头的剪辑主要包括分剪、挖剪、拼剪及变格剪辑。

（一）分剪

分剪是将一个镜头分成两个镜头或两个以上的镜头使用，这样可以增强戏剧性，调整不合理的时空关系，制造紧张气氛和悬念，提高节奏感。

> 【做中学】
>
> 电视剧《太阳的后裔》第一集结束，柳时镇乘直升飞机离开场景。时长2分30秒，有50个镜头组成。当中运用了大量分剪的技巧。试着找出哪些画面是同一个镜头。

（二）挖剪

挖剪是将一个完整镜头中的动作、人、物或运动镜头在运动中的某一部位上多余的部分挖剪去除。这种剪辑方法是为了达到动作的连续性和鲜明的节奏感。需要注意的是,动作被挖剪后,要让人感觉到是一个完整的动作,而不应产生跳跃感或缺少一部分的感觉。

知识卡片

挖剪在影片中不常用,通常在弥补拍摄时的失误或剧情特殊要求的情况下运用,这种剪辑方法,是为了更好地达到动作的连续性或者鲜明的节奏感。动作挖剪以后,应该让人感到是一个完整的动作,而不应当产生跳跃感或少一部分的感觉。按经验来说挖剪运用在弥补拍摄失误的情况更多些。

自从亚利桑德罗导演的《鸟人》《荒野猎人》连获两届奥斯卡大奖后,大家越来越喜欢用长镜头来讲述故事。那么问题来了,亚利桑德罗导演的另一个身份是剪辑师、编剧,在他的脑海里早已形成了完好的剪辑师和编剧必备的蒙太奇思维。当他运用长镜头时完好的蒙太奇思维可以帮助他更好地完成演员现场调度的节奏和摄影师运镜的速度等。

而我们更多的导演和摄影师们还没有到像达亚利桑德罗导演那样"神级"的蒙太奇思维,剪辑师的挖剪技巧就是用来弥补这个缺失的好方法。

(三) 拼剪

拼剪是将一个镜头重复拼接,是在镜头不够长、补拍又不可能的情况下而运用的一种剪辑手段。

【议一议】

在你所看过的电影中,有哪些动作戏能看见拼剪的身影?

(四) 变格剪辑

变格剪辑是剪辑师为了达到剧情的特殊需要,在组接画面素材的过程中对动作、时间和空间所做的超乎常规的变格处理,造成对动作的强调、夸张和时间、空间的放大或缩小,是渲染情绪和气氛的重要手段,可以直接影响短视频的节奏。

【做中学】

论述变革剪辑的特点,字数在500字以内。

五、尽量少用转场特效

短视频的转场特效应该用在前后镜头画面,色彩相差过大或者故事发生重大改变的时候,起到一种承接的作用,在使用时应尽量与短视频内容本身相贴合,做到浑然一体。滥用或错用转场特效容易打断观众的视觉思维,扰乱故事的节奏。

【议一议】

你所了解的转场特效有哪些?而现实生活中最常用的特效是哪些?

六、片头和片尾体现变化

片头和片尾是短视频中承上启下的桥梁和纽带。片头是短视频开场的序幕,片尾是短视频结束的尾声。片头和片尾是不可或缺的有机整体,是一个短视频作品的重要组成部分,它们既互相区别,又互相联系。片头通常以引出短视频的主题开始,把观众带进故事;片尾则以回顾、渲染短视频主题结束,回应片头,引发观众的思考。因此,短视频的片头和片尾要体现出变化。

【查一查】

了解免费提供片头、片尾素材的网站。

任务6 短视频的发布

问题引入

最近,又有新问题出现了,视频剪辑完成之后,发现有很多发布渠道可供选择,但不知道该如何正确选择合适的发布渠道,该如何观察数据?如何利用数据来提升知名度?这些难题都需要尽快解决。

短视频在制作完成之后,就要进行发布。在发布阶段,创作者要做的工作主要包括选择合适的发布渠道、渠道短视频数据监控和渠道发布优化(如图2-6所示)。只有做好这些工作,短视频才能在最短的时间内打入新媒体营销市场,迅速地吸引粉丝,进而获得知名度。

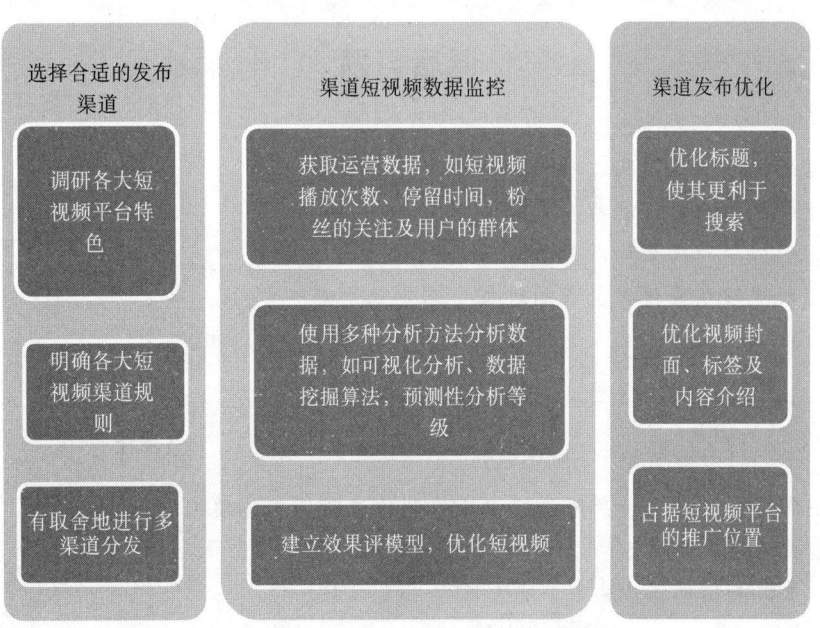

图2-6 短视频的发布工作

一、封面、话题很重要

新视频流量的分发以附近和关注为主，再配合用户标签和内容标签智能分发。只有当视频发出时，视频的完播率、互动率、点赞量、转发量数据反馈较好，才能获得下一次推荐机会。所以视频发布前，可以自己决定发布后的呈现封面，这时一定要记得封面的选择，这很影响之后用户到你的主页看视频的体验的。另外，还需要注意发布视频时，记得带上相关话题，可以多选几个话题，最好附带最新热门话题，还可以添加地点，帮助传播。例如，春节闲在家里时制作短视频，可以添加"#春节在家状态"这个话题，不仅可以借助话题来吸引用户，还可以把关注该话题的用户从分发页面引导过来。

> 【议一议】
> 如何选择短视频的封面和话题？

二、发布文案

除了视频本身外，文案也是吸引用户停留、互动的一个关键要素。发布文案的字数限定为50字，但一般来说，建议尽量简短，让人容易一眼获取信息。

最易引发互动的文案主要有悬念型与对话型，不论是悬念型的说一半留一半，还是对话型的平易近人，都能更好地引发用户的兴趣，从而得到一些评论互动。

> 【做中学】
> 写一则关于友情的文案（30秒的视频），自行把握字数。

课后习题

1. 简述短视频制作团队成员的工作内容。
2. 简述短视频的制作流程。
3. 简述短视频的画面处理方法。
4. 简述短视频在剪辑与包装的过程中需要注意哪些事项。

能力训练

小组合作开展训练，亲身体验短视频的制作流程，具体要求如下：

一、完成拍摄前期准备

硬件：手机或相机、三脚架、摄影棚、补光设备。

软件：Adobe Premiere、剪辑软件等。

地点：室内（影棚）、室外（校内、校外）。

团队：摄影师、文案师、编导、后期剪辑师（结合自身特点分工合作）。

二、拟定拍摄内容，构思剧本

小组按照要求进行拍摄。

题材：校园生活纪录片。

形式：创意不限，各组自由发挥。

（每组需先拟定脚本，由老师审核过后再进行拍摄）

三、选择统一的发布渠道，根据点击量和观看量进行评比

1. 选出受喜爱度前三的小组作品，并进行奖励。

2. 教师对此次训练作出总结点评。

四、项目实训册填写

1. 填写实训项目1～项目6短视频的制作流程。

2. 观看实训项目1～项目6样片，分析样片中的运镜方法，并填写在对应实训册上。

项目 3
短视频的构图原则与方法

🎓 学习目标

- 掌握短视频的构图要素。
- 掌握短视频构图的基本原则。
- 掌握常用的短视频构图方法。
- 培养读者美学意识及尊重知识产权意识。

拍摄短视频实际上与拍摄照片类似,都需要合理摆放画面中的主体,使画面看上去更有美感,更具视觉冲击力,这就是构图。无论是短视频拍摄,还是短视频剪辑,都需要考虑构图的问题。成功的构图可以提升短视频的品质,使拍摄出来的短视频作品重点突出,有条有理,富有美感。本章将学习短视频的构图原则与方法。

任务 1　短视频的构图要素

问题引入

通过刷手机视频,看到很多博主都在讲一些拍摄视频时的技巧。我们可以从中了解到一些基础技巧,但是由于视频讲得过快,难以明白这样拍摄的意义。那么在实行拍摄时应该必备什么知识呢?

知识要点

短视频构图就是通过对画框内景物的取舍与光线的运用,对画面起到突出主体、聚集视线、美化的作用。短视频的构图要素包括被摄主体、陪体和环境。

一、被摄主体

被摄主体就是摄影师要表现的主要对象,既是内容表现的重点,也是视频主题的主要载体，同时还是画面构图的结构中心。被摄主体可以是某一个被摄对象，也可以是一组被摄对象；被摄主体可以是人，也可以是物。

> **【想一想】**
>
> 如何通过构图来强调被摄主体？

二、陪体

陪体指在画面中与被摄主体有紧密联系，或辅助被摄主体表现主题的对象。

> **【议一议】**
>
> 陪体的作用有哪些？

三、环境

环境是围绕着被摄主体与陪体的环境，包括前景与后景两个部分。其中，前景位于被摄主体之前，靠近镜头位置的人物、景物被统称为前景，前景有时也可能是陪体。后景与前景相对应，是指位于被摄主体之后的人物或景物，一般多为环境的组成部分。

> **【议一议】**
>
> 后景清晰、前景模糊的视频应该怎么拍？

任务2　短视频构图的基本原则

问题引入

在日常生活中短视频充满趣味、画面优美，节奏韵律十分和谐，让人观感很舒适。那么，拍摄视频时怎样才能使短视频自带美感呢？

构图能够创造画面造型，表现节奏与韵律，是视频作品美学空间性直接的体现，有着丰富的表现力，传达给观众的不仅是一种认识信息，同时也是一种审美情趣。在短视频拍摄构图过程中，需要遵循一定的原则，这样才能拍摄出优秀的短视频作品。

一、美学原则

短视频画面的构图要遵循美学原则，要具备形式上的美感，具体表现如下。
1. 被摄主体不应居中，要注意黄金分割，还要注意画面的平衡。
2. 天地连接线不应一分为二地分割画面。
3. 形成短视频影调的色调布光不要平分画面。

4. 画面中的被摄主体不应过分孤单。
5. 被摄主体和陪体应该主次分明。
6. 人或物的连续线不应一字排开，应该高低起伏，层次分明，错落有致。
7. 人或物之间的距离不应均等，应当有疏有密。
8. 水平线及景物的连天线不应歪斜不稳。
9. 人物不要全部正面地出现，应与镜头形成一定的角度。
10. 重视画面中的"线条"，它可以让画面富有动感和韵律感。

> 【查一查】
>
> 查找黄金分割的比例相关资料。

二、均衡原则

均衡是获得优质构图的一个重要原则。无论是在大自然、建筑还是在绘画作品中，均衡的结构都能在视觉上产生形式美感。要判断画面是否均衡，可以将画面分为四等份，形成一个"田"字格，在田字格的四个格子里有相应的元素，而元素之间形成了均衡感。

需要注意的是，不要以为均衡就是对称。对称的画面常常给人以沉闷感，而均衡不会在视觉上引起人们的不适。要想让短视频构图达到均衡，就要让画面中的形状、颜色和明暗区域相互补充与呼应。

> 【议一议】
>
> 视频中色彩均衡原则有哪些？

三、主题服务原则

在短视频作品中，画面构图无疑是其诸多表现形式中的一种形式，而短视频的主题与情节才是起到决定性作用的内容。形式必须为内容服务，短视频构图也必须为短视频的主题服务。因此，在进行短视频构图时，应遵循主题服务原则，需要制作者考虑以下三个方面。

1. 为了表现被摄主体，要采用合适、舒服、具有形式美感的构图方法。
2. 为了突出表现被摄主体，有时甚至可以破坏画面构图的美感，使用不规则的构图。
3. 若某个构图优美的画面与整个短视频作品的主题风格不符，甚至妨碍了主题思想的表达，可以考虑将其剪掉。

> 【做中学】
>
> 小组分工合作，构思构图方法。主题为《配音大赛》，想一想怎样拍摄才能突出被摄主体，先拟一份拍摄方案。

四、变化原则

前面所讲的构图原则主要是针对短视频中的单个画面而言的，那么对于由许多画面组成的整个短视频的构图，则需要遵循变化原则。短视频不是照片，观众不能容忍一部构图没有任何变化的短视频作品，而变化也正是短视频的主要特征与魅力所在。因此，在短视频构图中，除了构图所表现的内容变化以外，构图形式的变化也是不可忽视的。

【议一议】

构图形式的主要变化具体有哪些形式？它的表现特征是什么？

任务3　短视频常用的构图方法

问题引入

经过前面课程的介绍，对短视频的构图有了一个初步的了解，发现拍摄短视频和摄影有很多共通的地方，认为以后实际操作应该能快速上手。但是了解掌握的知识并不全面，那么常用的短视频构图方法具体有哪些呢？

短视频拍摄和摄影，一个是动态画面，另一个是静止画面，这二者没有本质上的不同。因为在短视频拍摄过程中，不论是移动镜头，还是静止镜头，拍摄的画面仅仅是静止画面的延伸而已。因此，在摄影中的一些构图方法在拍摄短视频时同样适用。下面将详细介绍16种常用的短视频构图方法。

一、中心构图法

中心构图法是将画面中的主要拍摄对象放到画面中间。一般来说，画面中间是人们的视觉焦点，看到画面时最先看到的是画面的中心点位置。这种构图方法的优势在于被摄主体突出、明确，而且画面容易获得左右平衡的效果。图3-1所示为采用中心构图法拍摄的短视频画面。

图3-1　中心构图法

技巧讲解：

1. 使用中央构图法的时候，主体要选择相对饱满的，所占的比例要稍微大一些。单独的条状体不适合使用中心构图，容易显得突兀。

2. 背景不能杂乱无章，合适的背景能很好地烘托出主体，这一点在使用其他构图法的时候，也是相当重要的。如果拍摄的背景没办法选择简单干净的，可以将背景虚化，使主体更鲜明地表达出来。

【做中学】

采用中心构图法，使用手机拍摄一张教学楼的图片，互相点评。

二、九宫格构图法

九宫格构图法是利用画面中的上、下、左、右四条黄金分割线对画面进行分割。四条线为画面的黄金分割线，它们的交点则为画面的黄金分割点。一般在全景拍摄时，黄金分割点是被摄主体所在的位置。在拍摄人物时，黄金分割点往往是人物眼睛所在的位置。

采用九宫格构图法能够使画面呈现出变化与动感，且富有活力。当然，这四个黄点分割点也有不同的视觉感应，上方两点的动感比下方两点的动感强，左侧两点的动感比右侧两点的动感强，重点要注意视觉平衡问题。图 3-2 所示为采用九宫格构图法拍摄的短视频画面。

图 3-2　九宫格构图法

【做中学】

采用九宫格构图法，拍摄一张人像，互相进行评比。

技巧讲解：

（一）左上单点构图

将被摄主体置于左上方的位置，这种构图，是九宫格构图中较为常见的构图，这种构图相对比较符合人们的视觉习惯，常用于拍摄花卉等较小景物。

(二) 左下单点构图

将被摄主体安排在左下方的交叉点，这种构图方法，往往可以将天空较好的收进画面中，可以有效地拍出广袤天空，增加画面空间感，在拍摄水面、地面上的主体时，较为合适。

(三) 右上单点构图

将被摄主体安排在右上方的交叉点，这种构图的使用也较为频繁，在选择主体下方的景物作为陪体，或者下方可以展现更多细节的时候，是使用右上单点构图的绝佳时机，同时这种构图方法可以有效地规避右上方的杂乱画面。

(四) 右下单点构图

右下单点构图相对运用较少，从视觉习惯上讲，右下角是最后的交叉点，所以这种构图往往可以带来极佳的艺术效果。比如将主体人物安排在右下方的位置，人物的视线指向远方，使画面很有空间感。

(五) 上方双点构图

上方的双点构图，可以达到一种视觉暗示的效果，人们的视线会被集中在画面的主体位置，在拍摄时注意控制两个点上景物的大小区别，更有助于增加画面内容。

(六) 上方双点构图

上方的双点构图，可以达到一种视觉暗示的效果，人们的视线会被集中在画面的主体位置，在拍摄时注意控制两个点上景物的大小区别，更有助于增加画面内容。

(七) 左侧双点构图

将画面中的两个吸引点，安排在左侧的两个交叉点位置，竖向的两个交叉点，可以给人一种垂直感的暗示。

(八) 右侧双点构图

将画面最吸引视线的两点置于右侧的上下两个交叉点位置。

(九) 正对角线构图

将画面中吸引视线的两点，或为主体与陪体，安排在左上和右下两个交叉点的位置，这样构图可以有效地保证画面的平衡性。

(十) 反对角线构图

将画面中的吸引点安排在右上和左下两个交叉点，如此可形成呼应的效果。

【想一想】

在上述技巧中，哪些技巧在日常拍摄中经常用到？

三、二分构图法

二分构图法是把画面一分为二，通常用在风景画面的拍摄中，同样也可以用在前景与后景区分明显的画面中。图3-3所示为采用二分构图法拍摄的短视频画面。

图3-3 二分构图法

【议一议】

二分构图法有哪些特点？小组之间进行交流讨论。

四、三分构图法

三分构图法实际上是"黄金分割"的简化版，利用这种构图方法的基本目的是避免对称式构图。三分构图法分为横向三分法和纵向三分法，是指把画面分成三等份，每一份的中心都可以放置主体形态，适合表现多形态平行焦点的主体。这种构图方法不仅可以表现大空间小对象，还可以表现小空间大对象。图3-4所示为采用三分构图法拍摄的短视频画面。

图3-4 三分构图法

采用三分构图法拍摄的画面简练，能够鲜明地表现主题，是比较常用的构图方法之一。例如，在拍摄带有地平线的风光类短视频时，为了避免地平线处于画面中间而造成整个画面呆板，拍摄者可以考虑将地平线置于画面的三分之一处；在拍摄人物类短视频时，拍摄者要避免把人物置于画面中间，尽可能把人物放在画面的三分线上，这样视觉感会更加强烈。

【想一想】

二分构图法与三分构图法有什么差别？分别更适用于拍摄什么内容？

五、对称构图法

对称构图法是按照对称轴或对称中心使画面中的景物形成轴对称或中心对称，给观众以稳定、安逸、平衡的感觉。这种构图方法适合在拍摄建筑物等内容时使用，但不适合表现快节奏的内容。对称构图法并不讲究完全对称，只要做到形式上的对称即可。要让一张对称式构图显得不那么单调，还需要考虑画面的稳定性。图3-5所示为采用对称构图法拍摄的短视频画面。

图3-5 对称构图法

【议一议】

怎样才能使一张对称构图显得不那么单调？把你所知道的技巧分享给大家。

六、框架构图法

框架构图法是用前景景物做一个"框架"，形成某种遮挡感，这样有利于增强构图的空间深度，将观众视线引向中景、远景处的主体。由于框架的亮度往往暗于框内景色的亮度，明暗反差较大，所以在使用这种构图方法时要注意框内景物的曝光过度与边框曝光不足的问题。这种构图方法用在短视频中会让观众产生一种窥视的感觉，让画面充满神秘感，从而激发观众的观看兴趣。图3-6所示为采用框架构图法拍摄的短视频画面。

图 3-6 框架构图法

在采用框架构图法拍摄短视频时，拍摄者要注意被摄主体与框架保持平行，做到"横平竖直"。框架不一定是方形，可以是多种形状。拍摄者既可以利用拍摄现场的门框等搭建框架，也可以利用其他景物搭建框架。

【做中学】

搜索摄影平台，寻找获奖作品中采用了框架构图法的作品，分析它的框架结构。

七、水平线构图法

水平线构图法是比较基础的一种构图方法，也是平时运用较多的一种构图方法。用水平线构图能够给人一种延伸的感觉，一般情况下用横幅画面，比较适合场面开阔的风光拍摄，让观众产生辽阔深远的视觉感受。

在采用水平线构图法进行构图时，居中水平线可以给人以和谐、稳定的感觉，下移水平线主要强调天空的风景，上移水平线主要强调眼前的景物，多重水平线则会产生一种反复强调的效果。图 3-7 所示为采用水平线构图法拍摄的短视频画面。

图 3-7 水平线构图法

【议一议】

水平构图法常用于什么场景当中？

八、垂直线构图法

垂直线构图法以垂直线形式进行构图，主要强调被摄主体的高度和纵向气势，多用于表现深度和形式感，给人一种平衡、稳定、雄伟的感觉。在采用这种构图方法时，拍摄者要注意让画面的结构布局疏密有度，使画面更有新意且富有节奏。图3-8所示为采用垂直线构图法拍摄的短视频画面。

图3-8 垂直线构图法

【议一议】

运用垂直线构图法拍摄时，会遇到哪些拍摄困难？遇到这些难题时又是如何解决的？

九、对角线构图法

对角线构图法是指被摄主体沿画面的对角线方向排列，能够表现出很强的动感、不稳定性或生命力等感觉，给观众以更加饱满的视觉体验。这种构图方法大多用于描述环境，很少用于表现人物，除非需要表达特定的人物设定。因为这种构图方法具有很强的编导主观态度，使用此类镜头需要大量的前期剧情做铺垫，所以并不是特别适合时长较短的短视频作品。图3-9所示为采用对角线构图法拍摄的短视频画面。

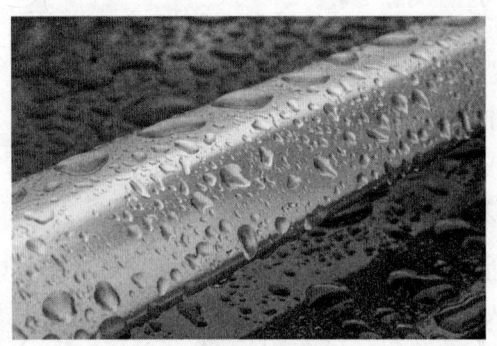

图 3-9 对角线构图法

知识卡片

对角线构图法的特点：

1. 对角线是长方形画框中最长的直线。把引导线按对角线方向分布，能带着观众视线自然地"走"遍整个画面。

2. 标准的对角线构图更是有把画面"劈开"，一分为二的气势。

3. 如果画面的两部分色调、明暗有较大的差异，采用对角线构图能将这种对比效果展现得淋漓尽致。

4. 对角线构图是倾斜的、不稳定的，画面往往具有出众的动感。

十、S形构图法

S形构图法是指被摄主体以S的形状从前景向中景和后景延伸，使画面形成纵深方向空间关系的视觉感，可以让画面充满灵动的感觉，能够表现出一种曲线条的柔美。

S形构图法的动感效果强烈，既动又稳，不仅适合表现山川、河流、地域等自然的起伏变化，也适合表现人体或者物体的曲线。

【做中学】

每人找三张采用了S形构图法的摄影作品，进行赏析，并选择代表进行分享交流。

十一、三角形构图法

三角形构图法是以三个视觉中心为景物的主要位置，有时是以三点成面几何构成来安排景物，形成一个稳定的三角形，具有安定、均衡但不失灵活的特点。

三角形构图分为正三角形构图、倒三角形构图、不规则三角形构图及多个三角形构图。其中，正三角形构图能够营造出画面整体的安定感，给人以力量强大、无法撼动的印象；倒三角形构图则给人一种开放性及不稳定性所产生的紧张感；不规则三角形构图会给人一种灵活性和跃动感；而多个三角形构图能表现出热闹的动感，其在溪谷、瀑布、山峦等拍摄中较为常见。图3-10所示为采用三角形构图法拍摄的短视频画面。

图 3 – 10　三角形构图法

在三角形构图过程中，还有一种情况是利用画面中的三角形态势来突出表现被摄主体，如图 3 – 11 所示。这种三角形构图是一种视觉感应方式，有形态形成的，也有阴影形成的。若是自然形成的线形结构，可以把主体安排在三角形斜边中心位置上，但只有在全景拍摄时效果最好。另外，三角形构图法可以用于不同景别的画面拍摄。也就是说，它不仅能用于远景与中景，还能用于近景人物、特写等画面的拍摄。

图 3 – 11　三角形态势

【做中学】

　　运用三角形构图法拍摄一段，轻轨进站时的视频（请注意安全）。

十二、辐射构图法

辐射构图法是以被摄主体为核心，让景物呈四周扩散放射的构图形式，可以使观众的注意力集中到被摄主体，而后又有开阔、舒展、扩散的作用，经常用于需要突出被摄主体但场面比较复杂的场合，也用于使人物或景物在较为复杂的情况下产生特殊效果等场景。

虽然辐射出来的是线条或图案，但按照其规律可以很清晰地找到辐射中心。辐射构图法具有两大特点：一是增强画面张力，例如，在风光类短视频中，一束束阳光穿过云层，使用辐射构图法可以有效地增强画面的张力,如图 3-12 所示;二是收紧画面主题,虽然辐射构图法具有强烈的发散感,但这种发散具有突出被摄主体的鲜明特点,有时也可以产生压迫中心、局促沉重的感觉,如图 3-13 所示。

图 3-12 增强画面张力

图 3-13 收紧画面主题

【做中学】

拍摄一张旋转木马的图片,要显示出这张照片运用了辐射式构图。

十三、建筑构图法

由于建筑物具有不可移动性,所以选好拍摄点对取景构图尤为重要。拍摄点应有利于表现建筑的空间、层次和环境。空间是建筑的主体,层次是表现空间的变化和深度,而环境不仅仅是为了衬托建筑,创造一种气氛,其本身就是建筑的一个不可或缺的组成部分。

建筑构图法指在拍摄都市建筑时,避开与主体无关的邻近建筑、电线、广告牌等的干扰,寻找能够充分表现建筑的拍摄点,以获得比较理想的构图效果。有时为了突出主体,取景构图时也可以将其他建筑作为陪衬,但一定要注意主体建筑与其他建筑之间的透视关系，不能喧宾夺主。在拍摄建筑群短视频时，高视点取景能够较好地表现出建筑群的空间层次感，如图 3-14 所示。

图 3-14 建筑构图法

在采用建筑构图法拍摄短视频时，若采用极低的机位和鱼眼视角，或极端水平、垂直的拍摄角度，可以拍摄出令人惊叹的画面效果，如图 3-15 所示。

图 3-15 极端拍摄角度

【议一议】

在电影《末代皇帝》中，里面有很多拍摄建筑物的镜头，请你找出一两个镜头，进行交流。

十四、封闭式构图法和开放式构图法

封闭式构图法比较讲究画面的整体和谐与严谨，画面具有一定的完整性，是一种常用的表现手法，适合表现一些和谐、具有美感的风光拍摄题材和一些平静、优美、严肃的人物主体或纪实场面。图 3-16 所示为采用封闭式构图法拍摄的短视频画面。

图 3-16　封闭式构图法

开放式构图与封闭式构图正好相反，其画面并非展现一个相对完整的信息，画面中的某些元素可能是被切割掉的一部分，也可能是完整的形象，但其运动状态或某种指向具有向画面外发展的趋势，让人产生对画面外的联想。也就是说，画面内的可见元素与画面外的不可见元素发生了某种关联，人们看到的不只是作品本身大小的画面，而是在头脑中产生了更大、更广的画面。图 3-17 所示为采用开放式构图法拍摄的短视频画面。

图 3-17　开放式构图法

可以这样说，封闭式构图法注重的是画面内信息的完整表达，而开放式构图法则是在画面内增添了无形的画面外信息。开放式构图法适合用于人文纪实类的拍摄题材，或者一些带有故事情节和现场感的生活小品等。因为开放式构图法带有很大的随意性，拍摄的思维可以放得更开、更广，所以是一种打破常规、打破均衡的构图方式，往往可以获得耐人寻味的拍摄效果。

【做中学】

发挥自己的想象力构思一个故事情节，拍摄一段片头。要求片头有悬念、时长不超过 1 分钟。

十五、紧凑式构图法

紧凑式构图法是将被摄主体以特写的形式加以放大,使其以局部布满整个画面,这样构图的画面具有饱满、紧凑、细腻、微观等特征。采用紧凑式构图法来刻画人物面部表情往往能够达到传神的境界,能给观众留下非常深刻的视觉印象。图3-18所示为采用紧凑式构图法拍摄的短视频画面。

图3-18 紧凑式构图法

【议一议】

在生活中,你观察到哪些画面或者镜头运用了紧凑式构图,分享你的心得体会。

课后习题

1. 简述短视频构图的要素与基本原则。
2. 在拍摄短视频时常用的构图方法有哪些?

能力训练

一、运用短视频的构图方法知识,小组合作开展训练,亲身体验操作流程,完成以下任务。

1. 拍摄一段运动会时的视频,要求要运用到建筑物构图法、紧凑式构图法和主题服务原则。
2. 分为几个小组,分别拍摄制定的运动项目,创意自行发挥。

二、交流体会

各小组成员进行交流,谈谈你对这次拍摄任务的感受。

1. 在此次拍摄中,你认为最难的拍摄方法是_____
2. 在遇到拍摄难题时,你是怎样巧妙化解这些难题的?_____
_____

三、项目实训册填写

请分析短视频实训项目1~项目6样片中采用了哪些构图方法,并填写在实训册上。

四、教师点评

项目 4
短视频脚本策划与撰写

学习目标

- 掌握短视频脚本组成。
- 掌握短视频脚本策划方法。
- 掌握短视频脚本的撰写。
- 培养读者对热点的敏锐嗅觉,培养读者的创新能力。
- 培养读者仿写和不断学习的能力。

导 语

为了更深层次地诠释内容,将短视频作品的主题表达得更清楚,实现资源的优化配置,我们在拍摄短视频时需要进行周密的策划。短视频的内容策划主要包括脚本策划与撰写、素材的安排及镜头流动。

任务1 脚本的策划

问题引入

当实践时,发现同样一件商品,自己拍出来的视频平淡无奇,别人拍出来却惊艳无比?拍摄时也时常感到自己像一只无头的苍蝇一样,想到什么拍什么,结果自然是不理想。看来,怎样梳理视频拍摄计划这是一个重中之重的事情。

一、短视频脚本

想要拍摄出优质的短视频,那么短视频脚本是必不可少的,脚本是以文字的形式将影视画面进行分解,主要任务是根据解说词和画面,配置音乐音响,把握片子的节奏和风格等。

短视频脚本的作用主要表现在:一是前期拍摄的脚本;二是后期制作的依据。

> 【议一议】
>
> 找一份优秀的拍摄提纲模板，并谈谈感受。

二、短视频脚本策划

短视频脚本相当于短视频的主线，用于表现故事脉络的整体方向。要想制作出别具一格的短视频作品，短视频脚本的策划不容忽视。在脚本里面，我们要对每一个镜头进行细致的设计，用镜头讲故事。用简洁的画面语言写出它每个画面讲的内容。在编写短视频拍摄脚本前，你需要确定你的短视频整体内容思路和流程，短视频策划应从以下几个方面考虑。

（一）拍摄定位

在拍摄前期，我们就要定位内容的表达形式，比如你要做的短视频是知识讲解类，还是剧情短片。

（二）拍摄主题

主题是赋予内容定义的，比如美食专家系列，那么拍摄一个鱼香肉丝，这就是具体的拍摄主题。

（三）拍摄时间

确定拍摄时间有两个目的：
一是要提前和摄影师约定时间，不然会影响拍摄进度。二是确定拍摄时间之后，可以做成可落地的拍摄方案，把握时间进度，不会产生拖拉问题。

（四）拍摄地点

拍摄地点非常重要，要拍的是室内场景还是室外场景，是日场还是夜场。比如拍摄家庭美食，室内场景要选择普通的家庭厨房，还是选择开放式的厨房，这些都是需要提前确定好的，方便预约拍摄场地。

（五）拍摄对象

产品、人物。如果是剧情短片，要提前准备好演员。

（六）主要内容和剧情

内容和剧情是短视频内容策划部分，就是把前期的创意点子、内容物料，转化为具体的实施方案，让团队能清楚地知道这条视频从什么方面入手，怎样获得用户的认可。

> 【做中学】
>
> 设计一份毕业季的脚本，内容、题材不限，自由发挥想象力。

三、短视频脚本策划注意事项

1. 要为短视频确定一个明确的主题。短视频的策划首先得有一个主题，这个主题不是随意想出来的，而是在大量的市场调研的基础上确定的，这样的主题才能更加符合用户的心理需求。

2. 要关注用户的需求，用户的需求是多种多样的，通过大量的市场调研也会在大数据中分析得出大多数用户的需求是什么，从而基于用户的需求进行策划短视频，这样制作出来的短视频才能够受到用户的喜欢和追逐。

3. 要具备可执行性，任何策划方案最重要的就是要有可执行性，如果不能够被执行，那么不管是多有优秀的、美观的策划方案都将是一堆废纸，毫无意义可言。

4. 策划方案的制作过程中要将工作化整为零，一个一个的小目标的完成，一口吃成胖子是不可能的，需要慢慢来，一步一步地完成。短视频策划过程中也要注意对各个工作阶段员工工作的协调问题，要清楚每个员工具体负责的工作内容，避免因协调不当而大量浪费时间。

5. 策划方案要让用户在第一眼观看时就被短视频所吸引，能够有继续观看的欲望，并且坚持下去，而不是第一眼就知道了结局。吸引用户的眼球可以运用设悬念法、制造小惊喜、小高潮等。

【做中学】

选择一部热门综艺中的某一集作为参考，梳理该选集的拍摄提纲。

任务 2　脚本镜头的设计

【问题引入】

在前面进行脚本策划时从中发现了很多问题，内容比较粗糙，在实际拍摄时发现很多地方需要重新确定拍摄内容，许多地方没有考虑到位，导致拍摄时间延长。那么，怎样才能设计好脚本镜头呢？

在拍摄分镜头脚本里面，我们要对每一个镜头进行细致设计，主要有场景、景别、角度、运镜、演员、服装、道具、内容、时长、拍摄参照、背景音乐这 11 个要素。

一、场景

总的来说，拍摄场景就是拍摄的环境，如会议室、广场、超市、酒店、街道等。

【议一议】

不同的场景应该运用何种设备合适？镜头的焦距该如何选择？

二、景别

景别也就是拍摄的时候是要用远景、全景、中景、近景和特写五种,他们当中的哪一种,就拿拍摄人物来说。

1. 远景,就是把整个人和所在的环境都拍摄在画面里面,常用来展示是事件发生的时间、环境、规模和气氛,比如一些战争的场景。

2. 全景,全景比远景要更近一点,把人物身体整个展示在画面里面,用来表现人物的全身动作,或者是人物之间的关系。

3. 中景,就是只拍摄人物膝盖至头顶的部分,不仅能使观众看清人物的表情,而且有利于显示人物的形体动作。

4. 近景,也就是拍摄人物胸部以上是头部的部位,非常有利于表现人物的面部或者是其他部位的表情神态甚至是我们的细微动作。

5. 特写,就是对人物的眼睛、鼻子、嘴、手指、脚趾等这样的细节进行拍摄,适合用来表现需要突出的细节。

【议一议】

在拍摄视频时,最常用到的景别是哪种?

观看格利菲斯1916年导演的《党同伐异》,观察并总结里面有哪些场景运用的是远景镜头,交流讨论。

三、角度

镜头角度主要有平视、斜角、仰角和俯角。

1. 平视是最基本的拍摄角度,客观表现内容,镜头与拍摄对象眼睛齐高。
2. 斜角故意倾斜拍摄让大家注意到画面失调。
3. 仰角,从低角度仰视拍摄,可以使对象更加高大或占据主导地位。
4. 俯角,从高往下片拍摄,让被摄人物显得比较弱小。

【议一议】

拍摄出来的画面人们是希望能让人忘记摄像机的存在,还是说希望有人记住它的存在?这两者与摄影机的角度位置关联大吗?

四、运镜

运镜就是指镜头的运动方式(摄像机镜头调焦方式),如从近到远,平移推进,旋转推进。可归纳为如下几种:

摇——中心位置不变,向纵横各方向摇摄;

推、拉——利用移动车或摄影师走动向摄影对象推进或拉远拍摄;

伸、缩——利用变焦距镜头的调整,摄取由远到近或由近到远的画面。拍摄的结果在透视方面与推、拉镜头不同；

　　移——不固定跟随某一对象，纵横移动着拍摄；

　　跟——跟随一个或数个运动着的对象拍摄；

　　升、降——在升降机上，在升高或降低的运动中拍摄。升降镜头则常常用来展示事件或者场面的规模气势，还能表现画面内容中情感状态的变化。

　　运镜可以参考表4-1。

表 4-1

镜头角度	镜头速度	镜头焦距	镜头切换
①鸟瞰式 ②仰角式 ③水平式 ④倾斜式	①让短视频更加有节奏感 ②特定情境使用不同的镜头速度	①长焦镜头 ②短焦镜头 ③中焦镜头	①把握视频节奏 ②选择视频中转折部分作为前后的衔接点 ③考虑前后的逻辑性

知识卡片

推镜头的作用：

1. 把观众带入故事环境；
2. 把被摄主体（人或物）从众多的被摄对象中突出出来；
3. 突出人物身体某一部分的表演，如脸、手、眼睛等；
4. 强调、夸张某一被摄物体的局部；
5. 代表剧中人物的主观视线；
6. 表现人物的内心感受。

五、演员

剧本中扮演某个角色的人物，如男主、女主、路人。

【想一想】

　　身边有适合当演员的人吗？他们适合当什么类型的演员？

六、服装

衣服、鞋子、包，演员根据不同的场景搭配。

七、道具

可以选的道具有很多种，玩法也有很多，但是需要注意的是，道具起到画龙点睛的作用，不是画蛇添足，不要让它抢了主体的风采。

【议一议】

　　在紧急情况下，外出没有携带这些辅助道具，为保证拍摄效果，该怎么灵活处理？或者有什么小妙招可以用来辅助主体拍摄？小组结合生活经验交流讨论。

八、内容

演员的台词、解说稿、镜头内容或者需要拍摄的画面等。台词是为了镜头表达准备的，起到画龙点睛的作用，这里，我想告诉大家 60s 的短视频，不要让文字超过 180 个字，不然会听着特别累。

九、时长

时长指的是单个镜头时长，提前标注清楚，方便在剪辑时找到重点，提高剪辑的工作效率。

十、拍摄参照

有时候，我们想要的拍摄效果和最终呈现出来的效果是存在差异的，我们可以找到同类的样品和摄影师进行沟通，哪些场景和镜头是表达你想要的，画上了大概的拍摄角度和构图。摄影师才能根据你的需求进行内容制作。

十一、背景音乐 BGM

BGM 是一个短视频拍摄必要的构成部分，配合场景选择合适的音乐非常关键，比如，拍摄帅哥美女的网红，就要选择流行和嘻哈快节奏音乐；拍摄运动风的视频，就要选择节奏鼓点清晰的节奏音乐；拍摄育儿和家庭剧，可以选择轻音乐、暖音乐，这方面都是要多多积累，学学别人是怎么去选择 BGM 的，平时在刷某音的时候听到有好的 BGM 一定要加收藏。

【议一议】

选择一款热门的卡点视频，讨论这款视频音乐和场景是如何完美融合的。

十二、备注

可以在拍摄脚本最后一列打上备注，写下拍摄需要注意的事项方便摄影师理解，写得通俗易懂就行，没有什么需要备注的就空着。

不同的视频内容，分镜头脚本的内容有所区别，如宣传片、解说片、剧情片等，脚本需要出现的内容项也不一样，所以脚本设计并没有一个绝对统一的标准。

任务3　分镜头脚本的撰写

问题引入

在对一段视频进行拍摄时，需要对策划的脚本进行再梳理，整理成可供拍摄的镜头。视频的内容需要不同的画面来进行拼接、组合，所以很多时候要运用到分镜头脚本的撰写。那么，分镜头脚本的编写格式是怎样的呢？

一、分镜头脚本的格式

分镜头脚本：依据文字脚本，分出一个个可供拍摄的镜头，然后将分镜头的内容写在专用的表格上，称为可供拍摄、录制的脚本。不是对文字脚本的图解和翻译，而是在文字脚本的基础上进行影视语言的再创造。

分镜头脚本的构成格式包括镜头序号、镜头运动、景别、镜头时间、画面内容、演员调度、场景设计、演员台词、解说词、广告口号、音乐、音响（效果声）等。分镜头脚本的写作方法是从电影分镜头剧本的创作中借鉴来的。一般按镜号、镜头运动、景别、时间长度、画面内容、广告词、音乐音响的顺序，画成表格，分项撰写。若是有经验的导演，写作时在格式上也可灵活掌握，不必拘泥于此。平时写的分镜头脚本（范本）大型如表4-2所示，可以作为参考。

表4-2

镜号	机号	景别	技巧	时间	画面内容	解说	音响效果	音乐	备注

二、分镜头脚本案例

示例1：卑微的男孩分镜头脚本（长30s）

场景一：白色地面（如表4-3所示）

表4-3

镜号	景别	技巧	场景	内容			效果	音乐	备注
				动作	时长	对白			
1					2s		黑场淡出		
2	中景	固定镜头		透明的玻璃罐中放着一颗鸡蛋	2s				
3	特写	推镜头		蛋特写	2s				
4	特写	固定镜头		蛋开始出现裂痕	3s				
5	特写	震镜头		男主角从蛋中挣脱出来	2s				
6	黑场淡出淡入	切镜头			2s		倒入蜜糖的声音		
7	特写	固定镜头		男主角在蜜糖中挣扎	2s				
8	中景	拉镜头		一只手入镜，把男主角从蜜罐中提出来	2s				
9	特写	切镜		男主角表情挣扎	1s				
10	黑场				1s				
					\				
					本段长19				

场景二：客厅（如表 4-4 所示）

表 4-4

镜号	景别	技巧	场景	内容			效果	音乐	备注
				动作	时长	对白			
1					2s		黑场淡出	放着悠扬的音乐	
2	中景	背拍	客厅	男主角背影，正坐在餐桌前	1s				
3	中景	移镜头	客厅	摄影机从男主角肩膀越过	4s				
4	近景	切镜	客厅	男主角面带笑容	1s			嘴巴发出玩耍的声音	
5	中景	拉镜头	客厅	男主角手上拿着小汽车模型玩耍	2s			同上	
6	特写	移镜头	客厅	镜头跟着小汽被男主角在餐桌上滑到左边	2s			同上加上汽车轮子的声音	
7	特写	移镜头	客厅	镜头跟着小汽被男主角在餐桌上滑到右边	2s			同上	
8	中景	切镜	客厅	男主角抬起头看向妈妈的方向停下手上的动作	2s			妈妈的脚步声	妈妈不入镜头
9	中景	固定镜头	客厅	妈妈的一只手拿起男主角手上的模型扔进垃圾桶	3s			如垃圾桶的声音	
10	特写	2个镜头入境画中画	客厅	左边，男主角惊讶的表情；右边，模型如垃圾桶后垃圾桶摇晃	3s			同上	
11	特写	切镜	客厅	男主角由惊讶转成呆滞表情	2S				
12	特写	切镜	客厅	桌上丰富的饭菜	2s				
13	近景	切镜	客厅	男主角坐在桌前	2s				
14	近景	拉镜头	客厅	妈妈用一只手把男主角的头按向饭碗	2s				
15	特写	切镜	客厅	以饭碗为视角，男主角的脸逐渐放大	3s				此镜头是以碗为主观镜头
16	黑场				2s				
				本段长 35s					

示例2：文明公益广告分镜头脚本（长30s，如表4-5所示）

表4-5

镜号	画面内容	景别	摄法技巧	时间	机位	解说词	音效	备注
地点：城关步行街								
1	滚动的易拉罐	特写	固定镜头	2s	正前方		易拉罐滚动声	
2	在垃圾桶边的易拉罐没有丢进入口	中景	从易拉罐特写拉到垃圾桶与易拉罐突出两者关系	2s	正前方		易拉罐滚动声	
3	在步行街川流不息的人群里没有人注意到这个丢弃的易拉罐	全景	以垃圾桶和易拉罐做前景	4s	镜头平放地上		喧闹街道声	
地点：沿河西路								
4	水龙头哗哗流水	特写	固定镜头	1s	仰拍		水声	
5	身处街道边的水龙头没人管	中景	从水柱特写慢拉至街道水龙头为前景，同时变焦虚化前景	4s	正前方		街道声	
地点：第一中学旁的自行车停车处								
6	翻倒的自行车车轮在转	特写	固定镜头	1s	镜头平放地上		车轮空转声	
7	有很多人拿车但没有扶	中景	摇镜头，从平拍到俯拍	3s	侧面	文明不需要你走多远的路	人声	
地点：城关步行街（从这里开始添加轻快音乐）								
8	有路人靠近捡起易拉罐	中景	固定镜头	1s	仰拍			
9	投放至垃圾桶	特写	移镜头	2s	仰拍			
地点：沿河西路								
10	水停了	特写	固定镜头	2s	正前方			
11	关水龙头的人离开	中景	还在滴水的龙头做前景	2s	正前方			文明不需要你花多久的时间
地点：第一中学旁的自行车停车处								
12	自行车被两个小朋友扶起	特写	摇镜头，从车到小孩的脸	3s	仰拍	文明不需要你耗费多大的力量		
结尾：黑场字幕淡出——有时候文明只需要你一个转身								

示例3：倒霉的一天分镜头脚本（如表4-6所示）

表4-6

镜号	景别	镜头技巧	秒	内容	对白	音乐、音响	处理
1	全景	推镜头	3	凌晨两点，漆黑一片的房间里，传来一阵敲打电脑键盘的打字声		打字声	
2	特写	推镜头	2	一张嘴的侧面	所以，那个时候，我看清楚了，那溅满一地的，是人类的内脏……		
3	全景	推镜头	5	走廊向前延伸，转过了一个又一个拐角，脚步声在走廊里响动，最后，停在了一扇门前			
4	全景		5	明媚的阳光从屏幕的一角逐渐浮出，凸衬在优美的太空画面中			
5	近景	推	10	闪动的光线越来越亮，朝月球的方向漫游过去，"砰"巨大流星体撞到月球"咣"一声爆炸，月球上红光如注，彩星冲天		"砰""咣"	
6	特写		6	大地在不断的剧烈撞击中，轰鸣和燃烧。月球变得阴浊、昏暗		"轰隆隆""砰"	
7	远景		3	透过模糊的浮尘，多彩的盆地、草绿绵延的群山			
8	全景		2	公元4050年			淡入淡出
9	全景		2	湛蓝的天空飘着白云			
10	近景		3	树林里鸟儿歌唱着		"布谷，布谷"	
11	远景		5	一群老百姓提着行李担着担子，说笑着从树林中朝绿草地走过来	"好，就让几个孩子前头跑。""哈哈，这群捣蛋包。"		
12	全景		6	几个孩子一路上采着花草，嘻嘻闹闹，一个小男孩在最前面	"呵呵，我们搬新家喽。"		
13	全景		5	小男孩跑到一棵小刺槐树前，在树上向下撒尿			
14	全景		5	几个小伙伴停了下来，高兴地分享着下雨般的沐浴	"哎呀，好像下雨了。"		
15	中景		5	雾水流进嘴里，有人突然大叫起来	"不对，这是尿啊！"		
16	特写		5	小男孩得意地笑着	"嘿嘿。"		

续表

镜号	景别	镜头技巧	秒	内容	对白	音乐、音响	处理
17	特写		7	小伙伴擦着脸，圆瞪着眼睛生气地吵嚷	"好小子，真是欠揍了。"		
18	全景		5	小男孩急忙转身撒腿就跑	"哈哈，你们逮不住我。"		
19	远景		2	湛蓝的天空下，林山烂漫		悠扬的音乐	淡入淡出
20	远景	推	3	绿色的草地上，孩子们追逐嬉笑着		笑声渐渐消失	叠入

三、仿写分镜头脚本

目前，剧情类短视频在某音上非常火，很容易引起大家的情感共鸣，同时，剧情故事拍摄几乎会涵盖所有的拍摄技巧，想锻炼自己写脚本的能力，可以从剧情短片入手。如果你是新手，上来就写剧情类分镜头脚本是很难的，可以根据上面分镜头脚本（范本）进行视频脚本拆解。也就是说平时在刷某音的时候，看到好的视频，可以根据视频的内容写出分镜头脚本，反复练习。

【议一议】

小组讨论交流分镜头有哪些作用？

四、撰写分镜头脚本建议

1. 砍掉脚本多余内容，形容词，高级词汇，要想做好短视频，砍掉每一个多余的字，画面能少一帧是一帧只留一个核心观点，有时候想讲得越多往往什么都讲不明白。

2. 分镜头脚本写完之后，要打印出来，演员、拍摄提前熟悉内容，再拿到拍摄现场拍摄，使用更为方便，比存在手机里更容易阅读。

3. 拍摄前要对场景有大概了解，这样才能更准确地脑补镜头内容，减少拍摄成本。

4. 按照实际场景有顺序拍摄，这样会大大节约拍摄时间。

5. 有特殊的要求，放上图例，写清楚备注，方便摄影师理解，现场寻相同角度场景拍摄。

---------------- **课后习题** ----------------

1. 简述短视频脚本的构成元素。
2. 简述分镜头脚本格式。

能力训练

一、脚本策划设计大赛

具体要求：

主题：辣子鸡丁美食制作。

拍摄定位：知识讲解类。

拍摄地点：室内。

拍摄时间：3个小时。

短视频时长：不超过三分钟。

人员分配：分为5个小组，由老师自行分配。

注意事项：前期的创意点子、内容物料，转化为具体的实施方案，有一个整体的框架结构让团队能清楚地知道这条视频该如何进行拍摄。学生自行发挥创意，内容不限。

拍摄完毕后，由教师进行点评并组织学生进行匿名投票，选出最受喜爱的前三名作品。最后由教师进行颁奖。

二、项目实训册填写

分析短视频实训项目1~项目6样片，完成实训作品的分镜头脚本撰写，并填写在实训册上。

项目 5
短视频的录制与制作

学习目标

- 掌握某音平台短视频的拍摄方法。
- 掌握某音平台短视频的后期处理方法。
- 掌握利用第三方工具制作短视频封面图的方法。
- 培养用户思维、流量思维、产品思维、大数据思维等运营思维。
- 培养读者社会主义核心价值观,传播正能量短视频意识。

导 语

当下,备受关注的社交平台——某音短视频,已经从一款单纯的娱乐工具,变成备受用户追捧的创意视频社交平台。某音极易操作上手,获得粉丝关注、点赞与好评,无论是个人还是企业,都能通过"某音短视频"App 进行快速展示与曝光,甚至获得巨大的流量。本章将学习某音短视频的拍摄方法、某音短视频后期处理方法,以及短视频封面图的制作方法等知识。只有牢牢掌握技能知识,才能运用所学知识进行创新,为成为大国工匠努力奋斗。

任务 1　短视频的拍摄

问题引入

经过总结和实践,自行发布的视频,效果还算理想,获得了一定的关注量。如果还想持续输出用户喜欢的内容,想要获得更多的喜爱度,还需要掌握哪些方法和技巧呢?

目前,在某音上超过百万点赞量的短视频中,有相当一部分是普通创作者的作品。即便是有上百万粉丝量的某音达人,也不是每个短视频都能达到上百万的点赞量。真正让两者拉开距离的是创作者能否持续输出用户喜欢的内容,而这依赖于创作者对视频作品细节的打磨。某音短视频的拍摄方法虽然很简单,但想要拍出高点赞量的好作品,还需要创作者掌握一定的拍摄方法与技巧,如分段拍摄、快慢速拍摄、使用道具拍摄、倒计时拍摄、合拍与抢镜等。

一、使用美化功能

许多拍摄某音短视频的专业内容创作者对短视频拍摄时的滤镜和美颜功能的应用是十分看重的。下面将介绍如何在拍摄某音短视频时使用美化功能,具体操作方法如下。

步骤1:打开"某音短视频"App,点击下方的"照片"按钮,如图5-1所示。

步骤2:进入拍摄模式,在右上方点击"美化"按钮"图片",如图5-2所示。

步骤3:在下方点击"滤镜",然后选择需要的滤镜效果,如"反差色"滤镜,如图5-3所示。

图5-1　　　　　　图5-2　　　　　　图5-3

步骤4:在下方点击"美颜",调整"磨皮""瘦脸""大眼"等参数,如图5-4所示。

步骤5:在拍摄前,还可以通过左右滑动屏幕来切换滤镜,如图5-5所示。

步骤6:继续切换滤镜,直至找到所需的滤镜效果,如图5-6所示。

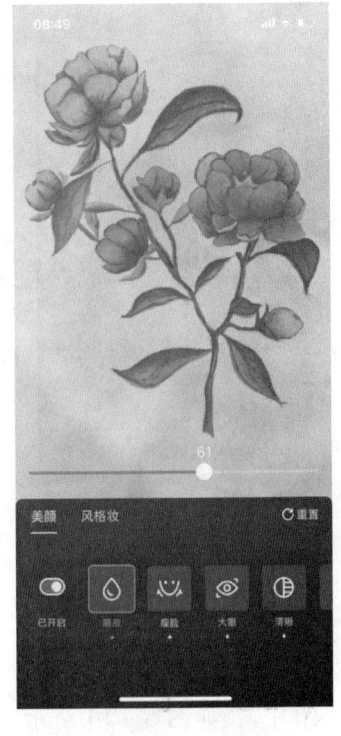  

图 5-4　　　　　　　图 5-5　　　　　　　图 5-6

【查一查】

上网了解可供用于美化视频的软件。

二、分段拍摄

使用某音拍摄短视频时，可以一镜到底持续地拍摄，也可以在拍摄中暂停，转换镜头再继续拍摄。例如，若要拍摄实现瞬间换装的短视频，可以在拍摄过程中暂停拍摄，更换衣服后再继续拍摄，最后拼在一起形成一个完整的视频。如果两个场景的过度转场做得好，最后视频的效果就会很酷炫。

通过分段拍摄可以制作出颇具创意的短视频作品，具体操作方法如下。

步骤1：打开"某音短视频"App，点击"图片"按钮，进入拍摄模式。点击下方图片中的"拍视频"按钮，如图 5-7 所示。在进行分段拍摄时，长按"拍视频"按钮进行拍摄，松开"拍视频"按钮即停止拍摄。

步骤2：在拍摄过程中，点击"图片"按钮，即可完成第 1 段视频的拍摄，并在界面上显示时间进度条，如图 5-8 所示。若点击"图片"按钮，可以删除该段视频。

步骤3：采用同样的方法，继续拍摄第 2 段视频。拍摄完成后，点击右下方的"图片"按钮，如图 5-9 所示。

图 5-7　　　　　　　图 5-8　　　　　　　图 5-9

步骤4：进入视频编辑界面，点击下方的"特效"按钮"图片"，如图 5-10 所示。若要发布或保存草稿，可以点击右下方的"下一步"按钮，进入发布界面进行操作。

步骤5：在下方点击"转场"，在视频条上拖动黄色的进度滑块到两段视频衔接的位置，然后点击需要的转场特效，如图 5-11 所示。点击"撤销"按钮，可以撤销操作。设置完成后，点击右上方的"保存"按钮。

步骤6：在视频编辑界面中点击"滤镜"按钮，可以为视频应用所需的滤镜效果，如图 5-12 所示。在应用滤镜效果时，可以通过左右滑动屏幕来切换滤镜。

图 5-10　　　　　　　图 5-11　　　　　　　图 5-12

步骤7：在分段拍摄时，可以先保存为草稿，然后返回继续拍摄。在"某音短视频"App 中打开"本地草稿箱"界面，选择分段拍摄的视频，如图 5-13 所示。

步骤8：进入"发布"界面，点击左上方的"返回编辑"，如图 5-14 所示。

步骤9：进入视频编辑界面，点击左上方的"继续拍摄"，如图 5-15 所示。

图 5-13

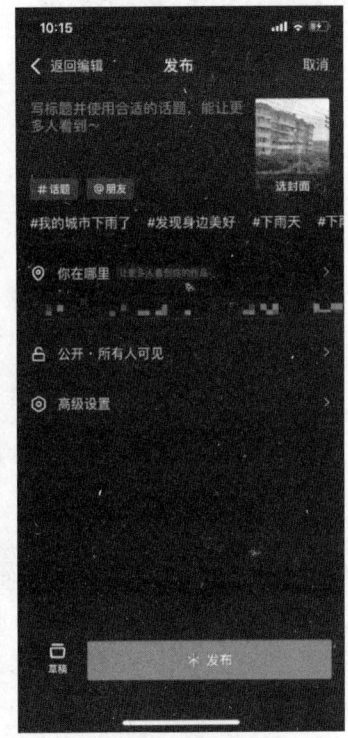
图 5-14

图 5-15

【议一议】

分段拍摄的特点有哪些？大家交流讨论。

三、选择与修剪背景音乐

某音作为一款音乐短视频 App，选择背景音乐自然是不可缺少的一步，背景音乐甚至能够影响到拍摄视频的思维与节奏。下面将介绍在使用某音拍摄短视频时如何选择与修剪背景音乐，具体操作方法如下。

步骤1：打开"某音短视频"App，点击下方的"图片"按钮，如图 5-16 所示。

步骤2：进入拍摄模式，在上方点击"选择音乐"，如图 5-17 所示。

步骤3：进入"选择音乐"界面，在"歌单分类"右侧点击"查看全部"，如图 5-18 所示。

图 5-16　　　　　　　图 5-17　　　　　　　图 5-18

步骤4：进入"歌单分类"界面，点击"影视"类别，如图5-19所示。

步骤5：通过上下滑动屏幕来查看音乐列表，选择要使用的音乐，然后点击右侧的"使用"按钮，如图5-20所示。点击"图片"按钮，可以收藏音乐。

步骤6：开始拍摄视频，拍摄完毕后在上方点击"剪音乐"按钮"图片"，如图5-21所示。

图 5-19　　　　　　　图 5-20　　　　　　　图 5-21

步骤7：左右拖动声谱以剪取音乐，剪取完成后点击"图片"按钮，如图5-22所示。在剪取音乐时，需要注意声谱的起伏波纹并不是根据声音的高低而形成的可视化图形。

步骤8：在上方点击"音量"按钮"图片"，调整视频原声与配乐的音量大小，然后点击"图片"按钮，如图5-23所示。

步骤9：若在浏览某音短视频时，遇到自己喜欢的视频配乐，可以点击界面右下方的"声音"图标"图片"，如图5-24所示。

图5-22

图5-23

图5-24

步骤10：在打开的界面上方点击"收藏"按钮，如图5-25所示。

步骤11：在拍摄短视频时，打开"选择音乐"界面，点击"我的收藏"，即可查看收藏的音乐，如图5-26所示。

步骤12：在选择音乐时，也可以直接在搜索框中搜索音乐名，如图5-27所示。

图 5-25　　　　　　图 5-26　　　　　　图 5-27

【议一议】

为什么视频要配背景音乐？这样做有什么好处？

四、使用快慢速拍摄

在拍摄短视频时，使用快慢镜头是经常用到的一种手法，以形成突然加速或突然减速的视频效果。在某音中也可以通过"快慢速"功能控制视频速度，具体操作方法如下。

步骤1：打开"某音短视频"App，点击"＋"按钮，进入拍摄模式。在右上方点击"快慢速"按钮，开启该功能。点击"慢"按钮，切换到慢速拍摄模式，如图 5-28 所示。

步骤2：在拍摄过程中可以随时暂停，并切换为快速拍摄模式，只需点击"快"按钮即可，如图 5-29 所示。

项目 5　短视频的录制与制作 | 75

图 5-28

图 5-29

需要注意的是，在拍摄过程中若随意切换快慢速度会导致视频出现卡顿现象。在进行快慢速拍摄时，当镜头速度调整为"极快"拍摄时，视频录制的速度却是最慢的；当镜头速度调整为"极慢"拍摄时，视频录制的速度却是最快的。其实，这里所说的速度并非我们看到的进度快慢，而是镜头捕捉速度的快慢。

【做中学】

根据所学知识，运用快慢速拍摄手法，用手机拍摄一段跑步时的情景。

五、变焦拍摄

在拍摄某音短视频的过程中，可以通过变焦拍摄改变被摄物体的景别，推远观看其全貌，拉近观看其近貌和特写。变焦拍摄某音短视频的具体操作方法如下。

步骤 1：打开"某音短视频"App，点击"　＋　"按钮，进入拍摄模式。按住"拍视频"按钮""开始拍摄，如图 5-30 所示。

步骤 2：按住"拍视频"按钮并向屏幕上方拖动，即可实现镜头变焦，拉近远处的景物，如图 5-31 所示。

图 5-30　　　　　　　　　　　　　图 5-31

【议一议】

按照变焦距范围，摄像机镜头可以分为哪些镜头？

六、使用道具拍摄

在拍摄某音短视频时还可以使用道具，这样可以美化视频，生成生动有趣、颇具创意的视频效果。

手动选择道具：

每种拍摄道具都有其特殊的用法，下面将介绍在拍摄某音短视频时如何找到并使用道具，具体操作方法如下。

步骤1：打开"某音短视频"App，点击"＋"按钮，进入拍摄模式。在左下方点击"道具"按钮"▦"，如图5-32所示。

步骤2：打开道具列表，点击"场景"分类，然后选择"▦"道具，查看拍摄效果，如图5-33所示。点击"★"按钮，可以收藏道具。

步骤3：点击"热门"分类，然后选择"▦"道具，在右上方点击"春暖花开"按钮"图片"，如图5-34所示。

项目 5　短视频的录制与制作

图 5－32

图 5－33

图 5－34

步骤 4：此时，即可切换为前置摄像头进行自拍，应用的道具效果如图 5－35 所示。

步骤 5：对于常用的道具，可以将其收藏起来。在道具列表左侧点击"★"按钮，即可看到所有收藏的道具，如图 5－36 所示。在拍摄短视频时，若不使用道具，可以点击"⊘"按钮。

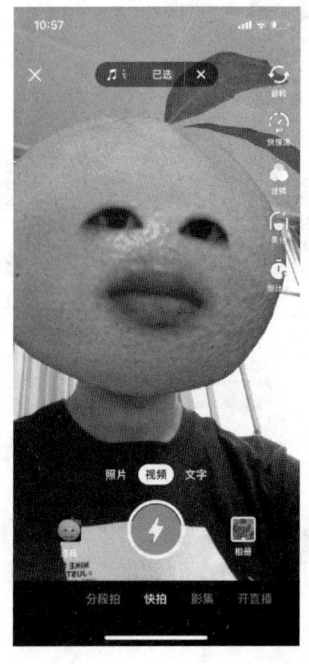
图 5－35

图 5－36

【议一议】

把平时收藏的用道具拍摄的短视频拿出来分享，谈谈其中的乐趣。

在观看某音短视频时，若发现一些自己喜欢的道具所拍摄的短视频作品，自己也想使用这些道具，这时可以通过搜索道具或在浏览某音短视频时使用同款道具拍摄，具体操作方法如下。

步骤1：打开"某音短视频"App，在下方点击"首页"按钮，然后点击右上方的"搜索"按钮，如图5-37所示。

步骤2：进入某音热搜界面，点击上方的搜索框，输入关键字，如"分身"，在弹出的自动搜索列表中点击"分身定格"选项，如图5-38所示。

步骤3：在搜索结果界面上方点击"视频"分类，然后点击要播放的视频，如图5-39所示。

图5-37

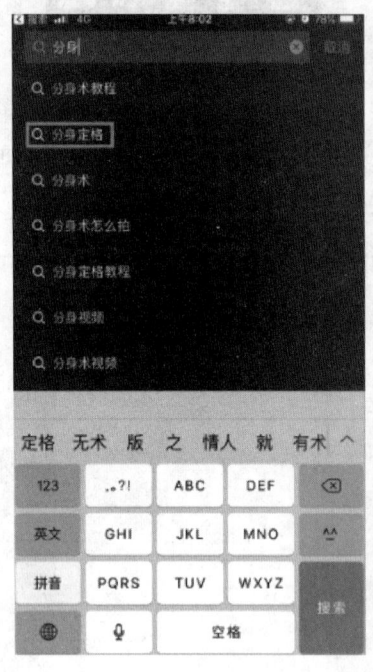

图5-38

图5-39

步骤4：开始播放所选视频，在左下方显示应用了"分身定格"道具，点击"分享"按钮，如图5-40所示。若点击道具名称，可以在打开的界面中收藏道具，或进行同款拍摄。

步骤5：在道具面板中，选择新奇按钮，如图5-41所示。选择这个图标进行拍摄。

步骤6：进入拍摄界面，并自动应用"分身定格"道具，效果如图5-42所示。

项目5 短视频的录制与制作

图 5-40

图 5-41

图 5-42

【做中学】

使用手机，拍摄一组分身定格视频。

七、使用倒计时拍摄

使用"倒计时"功能可以实现自动暂停拍摄，以设计多个拍摄片段，并且可以通过设置拍摄时间来卡点音乐节拍，具体操作方法如下。

步骤1：打开"某音短视频"App，点击"＋"按钮，进入拍摄模式。在左下方点击"道具"按钮"　"，如图 5-43 所示。

步骤2：打开道具列表，点击"装饰"分类，然后选择"古风"道具，如图 5-44 所示。

步骤3：在界面右侧点击"倒计时"按钮"　"，如图 5-45 所示。

  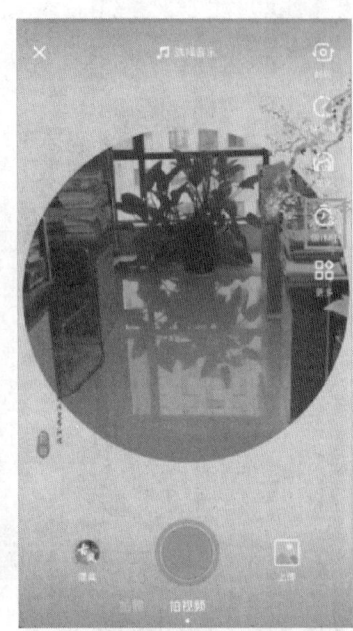

图 5 - 43　　　　　　　图 5 - 44　　　　　　　图 5 - 45

步骤 4：拖动时间线设置拍摄时间，然后点击"倒计时拍摄"按钮，开始拍摄第 1 段视频，如图 5 - 46 所示。

步骤 5：拍摄完成后，再次点击"倒计时"按钮" "，如图 5 - 47 所示。

步骤 6：拖动时间线设置第 2 段视频的拍摄时间，然后点击"倒计时拍摄"按钮开始拍摄，如图 5 - 48 所示。

图 5 - 46　　　　　　　图 5 - 47　　　　　　　图 5 - 48

项目 5　短视频的录制与制作　81

步骤 7：继续倒计时拍摄其他视频片段，在开始新的一段视频拍摄之前，可以根据需要进行拍摄设置，如翻转镜头、设置镜头快慢速、更改拍摄道具等。在拍摄第 3 段视频时，应用京剧脸谱道具，如图 5-49 所示。

步骤 8：在拍摄第 4 段视频时，应用小黄鸭道具。拍摄完成后，点击右下方的"✓"按钮，如图 5-50 所示。

步骤 9：进入视频编辑界面，预览视频效果，如图 5-51 所示。若不需要更改，则点击右下方的"下一步"按钮。

图 5-49

图 5-50

图 5-51

步骤 10：进入"发布"界面，点击"发布"按钮即可成功发布视频，如图 5-52 所示。若暂时不进行发布，则点击"草稿"按钮，将视频存入草稿箱。

步骤 11：在使用倒计时拍摄时，若需要适应背景音乐的节奏，需要先添加音乐。在设置倒计时的时候根据音乐的节奏设置拍摄时间，如图 5-53 所示。

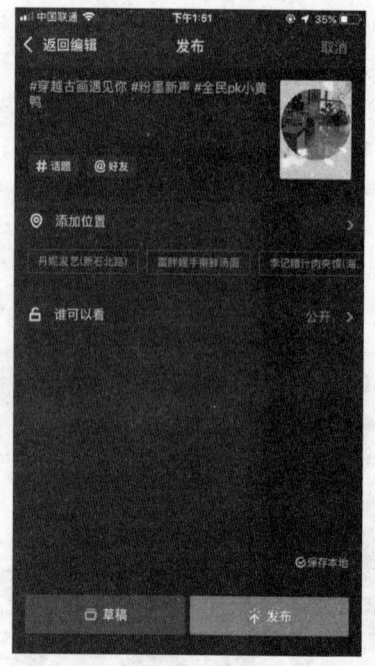

图 5-52　　　　　　　　　　　　图 5-53

【做中学】

在网上选择一个热门的变装视频，进行仿拍。

八、合拍与抢镜拍摄

利用某音的合拍功能可以在一个视频界面中同时显示他人拍摄的多个视频，该功能满足了很多用户想和自己喜欢的"网红"合拍的心愿。抢镜拍摄与合拍拍摄类似，是作为一个浮动窗口与某音短视频合成在一起的。合拍与抢镜拍摄的具体操作方法如下。

步骤1：找到要合拍的视频，点击右下方的"分享"按钮" "，如图5-54所示。

步骤2：在弹出的面板中点击"合拍"按钮" "，如图5-55所示。

步骤3：进入分屏合拍界面，左侧为正常拍摄画面，右侧为合拍视频，点击"拍视频"按钮" "，开始合拍视频，如图5-56所示。

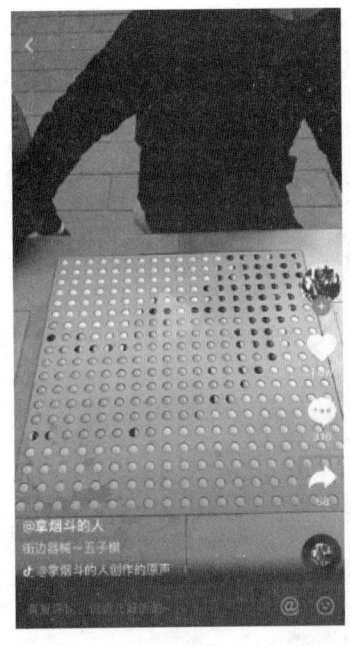 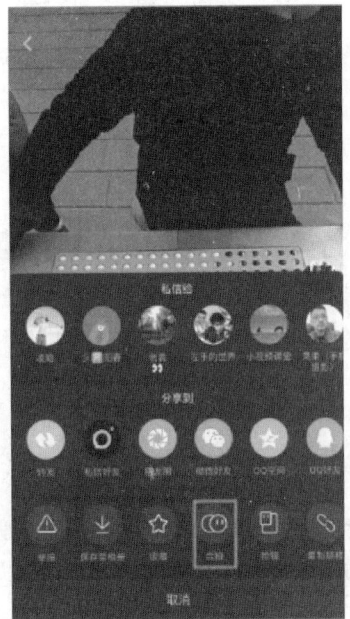 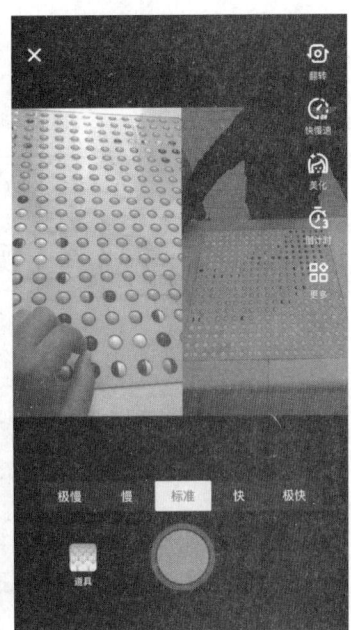

图 5-54　　　　　　　　图 5-55　　　　　　　　图 5-56

练习：找到要合拍的视频，点击右下方的"分享"按钮"➤"，如图 5-57 所示。在弹出的面板中点击"合拍"按钮"◎◎"，如图 5-58 所示。进入分屏合拍界面，左侧为正常拍摄画面，右侧为合拍视频，点击"拍视频"按钮"■"，开始合拍视频，如图 5-59 所示。

 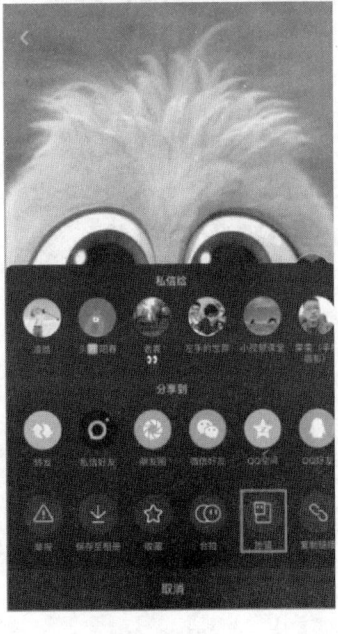 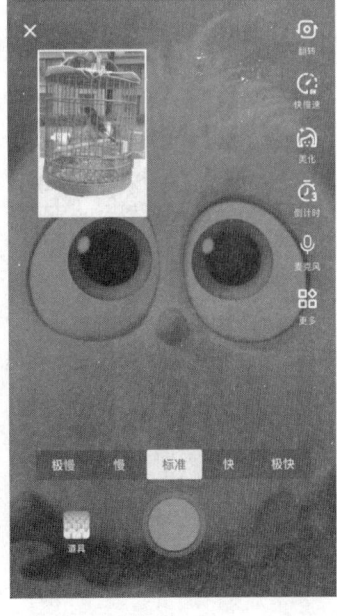

图 5-57　　　　　　　　图 5-58　　　　　　　　图 5-59

【做中学】

小组之间拍一组合拍视频,拍摄内容为唱歌。

任务 2　短视频的后期处理

问题引入

在审核视频时,觉得画面还不太精美,总体看着有点趋于平淡,不够吸引眼球。那么,怎样才能让视频看着更有特色一点呢?怎样更炫酷一点?

短视频拍摄完成后,制作者可以根据需要进行后期处理。例如,为短视频添加滤镜特效、分屏特效、时间特效、添加贴纸、上传与修剪视频,以及选择封面等。

一、应用滤镜与分屏特效

为短视频应用滤镜特效和分屏特效,可以使其更加炫酷,更有创意,具体操作方法如下。

步骤1:打开"某音短视频"App,在界面下方点击"我",如图5-60所示。进入个人账户界面,点击"作品",然后点击"本地草稿箱"。

步骤2:进入"本地草稿箱"界面,点击要编辑的视频,如图5-61所示。

步骤3:进入"发布"界面,点击"返回编辑",如图5-62所示。

图 5-60

图 5-61

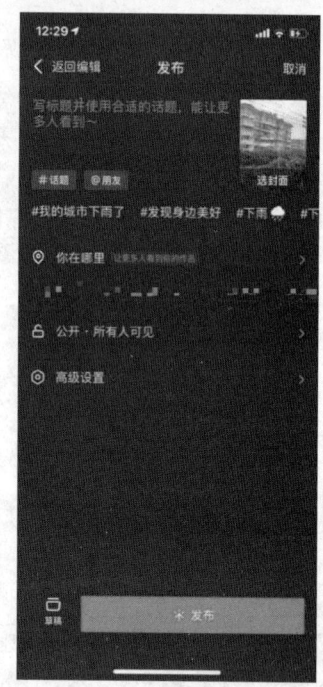

图 5-62

步骤4：在视频编辑界面下方点击"特效"按钮"　"，如图5-63所示。

步骤5：进入特效编辑界面，在下方点击"自然"，拖动黄色滑块定位视频位置，然后按住需要的特效按钮，如"速度线"特效按钮，开始播放视频并应用特效，松开手指停止应用特效，如图5-64所示。

步骤6：在下方点击"分屏"，为要应用特效的视频片段应用"六屏"特效，如图5-65所示。

图 5-63

图 5-64

图 5-65

【议一议】

你的家人中有人发布短视频吗？他们会添加特效吗？

二、应用时间特效

某音的时间特效包括时光倒流、反复和慢动作三种。应用时间特效的具体操作方法如下。

步骤1：在视频编辑界面中点击"特效"按钮，然后在下方点击"时间特效"，再点击"时光倒流"按钮，即可生成视频回放效果，如图5-66所示。

步骤2：点击"反复"按钮，拖动滑块调整"反复"特效的位置，再次点击"反复"按钮，可以查看反复效果，如图5-67所示。

步骤3：点击"慢动作"按钮，拖动滑块调整慢动作开始时间，再次点击"慢动作"按钮，即可查看慢动作效果，如图5-68所示。

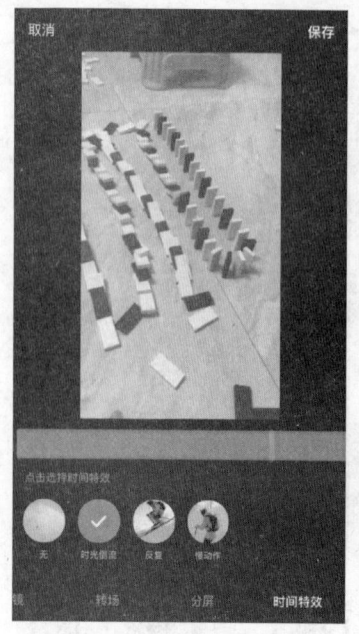

图5-66　　　　　　　图5-67　　　　　　　图5-68

【做中学】

随意拍摄一段视频，并指导其添加时间特效。

三、添加贴纸

在编辑某音短视频时，可以为其添加有趣的贴纸，并设置贴纸的显示时长，具体操作方法如下。

步骤1：在视频编辑界面下方点击"贴纸"按钮，在弹出的"贴图"面板中选择要使用的贴纸，如图5-69所示。

步骤2：此时，即可为视频添加贴纸。点击贴纸，调整其大小，然后点击贴纸右上角的时间按钮"图片"，如图5-70所示。

步骤3：进入"贴纸时长"界面，拖动左右两侧的滑块，分别调整贴纸的开始时间和持续时间，然后点击"图片"按钮，如图5-71所示。

项目 5　短视频的录制与制作　87

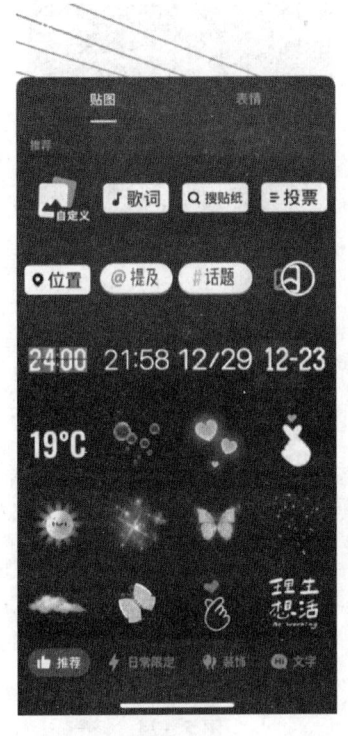

图 5-69

图 5-70

图 5-71

【议一议】

什么类型的视频里面适合用贴纸？大家讨论交流。

四、上传与修剪视频

除了可以使用"某音短视频"App 直接拍摄短视频外，也可以将手机相册中的短视频上传到"某音短视频"App 中进行编辑。下面通过上传短视频制作音乐卡点效果，具体操作方法如下。

步骤 1：在"某音短视频"App 中搜索"卡点音乐"，点击要播放的视频，如图 5-72 所示。

步骤 2：开始播放视频，该视频标题中还提示了该卡点视频的制作技巧，点击右下方的"声音"图标，如图 5-73 所示。

步骤 3：在打开的界面中点击下方的"拍同款"按钮，如图 5-74 所示。

步骤 4：进入拍摄模式，在右下方点击"上传"按钮，如图 5-75 所示。

步骤 5：进入"上传"界面，在下方点击"多段视频"按钮，如图 5-76 所示。

步骤 6：依次选择要添加的 8 段视频，然后点击右上方的"下一步"按钮，如图 5-77 所示。

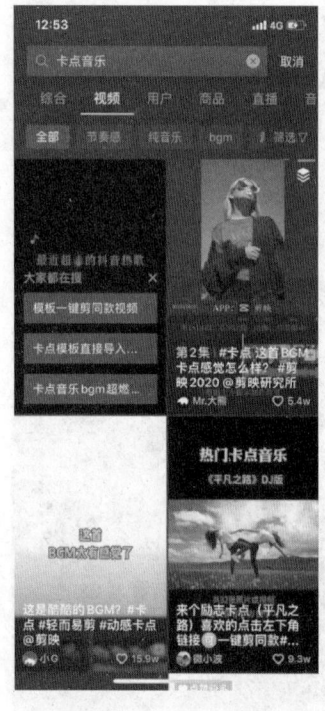
图 5-72

图 5-73

图 5-74

图 5-75

图 5-76

图 5-77

步骤7：进入视频剪取界面，点击下方的第1段视频，如图5-78所示。

步骤8：点击"快慢速"按钮"图片"，再点击"慢"按钮，使视频慢速播放。在视频条上拖动左侧的控制柄，设置视频的开始时间；拖动右侧的控制柄，设置视频的持续时间为1.2s，然后点击右下方的"图片"按钮，如图5-79所示。

步骤9：采用同样的方法，剪取第2段视频，将其持续时间设置为1.5s，然后点击右下方的"图片"按钮，如图5-80所示。

图5-78

图5-79

图5-80

步骤10：采用同样的方法，分别剪取剩余的6段视频，然后点击右上方的"下一步"按钮，如图5-81所示。

步骤11：进入视频编辑界面，点击上方的"音量"按钮"图片"，如图5-82所示。

步骤12：在弹出的音量面板中设置"原声"音量为0，然后点击"图片"按钮，如图5-83所示。

图5-81

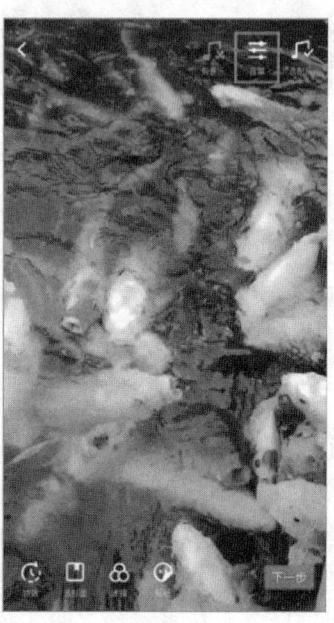
图5-82

图5-83

步骤13：左右拖动屏幕以选择合适的滤镜效果，然后点击"特效"按钮，如图5-84所示。

> 【议一议】
>
> 给视频添加特效有什么作用？小组交流讨论。

步骤14：进入特效编辑界面，在下方点击"滤镜"，通过拖动滑块定位到两段视频衔接的位置，然后按住需要的特效按钮，在此选用"抖动"特效，如图5-85所示。

步骤15：采用同样的方法，为各段视频的衔接位置或整段视频应用需要的滤镜特效，然后点击右上方的"保存"按钮，如图5-86所示。

图5-84

图5-85

图5-86

> 【议一议】
>
> 视频上采用什么样的封面图才能夺人眼球，让人有观看的欲望。

五、设置视频封面图

默认情况下，某音App将视频的第1帧画面用作视频封面图，用户可以根据需要更改视频封面图。例如，将视频中关键一帧的画面或有趣的画面用作封面图，具体操作方法如下。

步骤1：打开某音的"本地草稿箱"界面，点击要编辑的视频，如图5-87所示。

步骤2：进入视频编辑界面，点击下方的"选封面"按钮，如图5-88所示。

步骤3：在视频条上拖动白色方框，选择要作为封面图的画面，然后点击右上方的

"完成"按钮,如图 5-89 所示。

图 5-87

图 5-88

图 5-89

步骤 4:返回视频编辑界面,点击右下方的"下一步"按钮,如图 5-90 所示。
步骤 5:进入"发布"界面,可以查看设置的视频封面图,如图 5-91 所示。

图 5-90

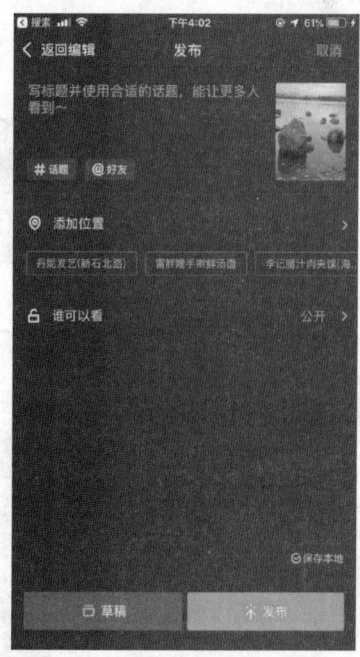

图 5-91

任务 3　制作短视频封面图

问题引入

短视频的封面图一般可以通过选择视频中的画面或手动上传封面图来生成。如果想要手动上传短视频封面图，怎么通过第三方工具来进行短视频封面图的制作呢？

某音短视频的封面图一般可以通过选择视频中的画面或手动上传封面图来生成。若想上传自己制作的精美的短视频封面图，可以通过第三方工具来进行短视频封面图的制作。

一、使用"海报工厂"和"美图秀秀"App 制作短视频封面图

"海报工厂"App 是一款专门用于图片设计、美化、拼接与制作的软件，拥有杂志封面、电影海报、美食菜单、旅行日志等流行海报元素，能够迅速打造视觉大片。"美图秀秀"App 是一款面向大众的多功能型图片处理软件，它可以帮助用户通过美图、拼图、边框、饰品等多种美化手段，轻松地制作出专业级水准的图片效果。下面使用"海报工厂"和"美图秀秀"App 制作某音短视频封面图，具体操作方法如下。

步骤 1：在手机上安装并启动"海报工厂"和"美图秀秀"App，在"海报工厂"主界面中点击"开始制作"按钮，如图 5-92 所示。

步骤 2：在打开的界面中选择要制作海报的照片，然后点击"开始制作"按钮，如图 5-93 所示。

步骤 3：进入"制作海报"界面，在下方点击"时尚"分类，然后选择需要的海报样式，如图 5-94 所示。

图 5-92　　　　　　　　图 5-93　　　　　　　　图 5-94

项目 5　短视频的录制与制作　93

步骤 4：拖动照片，移动其在相框中的位置，两指拖动照片可以旋转或缩放照片，然后点击右上方的"保存/分享"按钮，如图 5-95 所示。

步骤 5：此时，就可以将生成的海报照片保存到手机相册中。点击"继续美化"按钮，如图 5-96 所示。

步骤 6：自动启动"美图秀秀"App，选择生成的海报照片，如图 5-97 所示。

图 5-95

图 5-96

图 5-97

步骤 7：进入美化图片界面，在下方工具栏中点击"消除笔"按钮，如图 5-98 所示。

步骤 8：选择画笔大小，在右上方的文字上进行涂抹以清除文字，然后点击右下方的"图片"按钮，如图 5-99 所示。

【议一议】

如果消除笔对于文字的清除效果不好，遇到这种情况应该怎么办？

步骤 9：在工具栏中点击"文字"按钮，进入编辑文字界面，点击文本框，如图 5-100 所示。若要套用文字样式，可以在下方点击所需的样式。

步骤 10：使用手机输入法输入文字，并设置文字颜色，选择所需的字体，然后点击按钮，如图 5-101 所示。

步骤 11：移动文字的位置，并使用两指旋转和缩放文字，如图 5-102 所示。

步骤 12：在工具栏中点击"边框"按钮"图片"，如图 5-103 所示。

图 5-98　　图 5-99　　图 5-100

图 5-101　　图 5-102　　图 5-103

步骤13：进入边框编辑界面，在下方点击"基础边框"类别，然后选择所需的边框样式，接着点击右下方的按钮，如图5-104所示。

步骤14：在工具栏中点击"调色"按钮，进入光效界面，点击"高光调节"按钮，拖动滑块进行调节，然后点击右下方的"图片"按钮，如图5-105所示。

步骤15：视频封面图制作完成后，点击右上方的"保存/分享"按钮，将其保存到手机相册中，如图5-106所示。

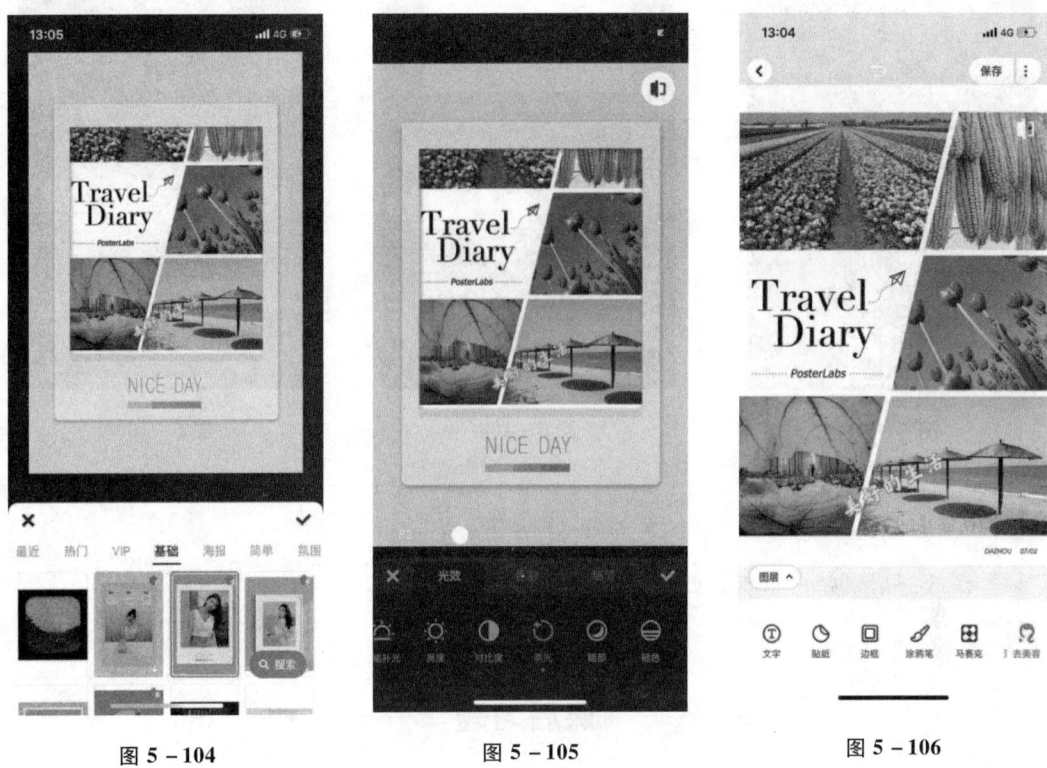

图5-104　　　　　　　图5-105　　　　　　　图5-106

步骤16：要将制作好的视频封面图作为某音短视频封面图，需要先将其转换为视频上传到"某音短视频"App，此时需要借助视频编辑工具。在此，使用"剪影"App来进行编辑，在其主界面中点击"视频编辑"按钮，如图5-107所示。

步骤17：在打开的界面中点击"照片"分类，选择制作的封面图，然后点击右下方的"完成"按钮，如图5-108所示。

步骤18：设置图片的持续时间，然后点击右上方的"导出"按钮即可，如图5-109所示。

图 5-107

图 5-108

图 5-109

【做中学】

任选一则视频，根据视频内容设计制作一款封面图。

课后习题

1. 使用某音的"快"与"倒计时"拍摄功能制作卡点音乐视频，如图 5-110 所示。

图 5-110

操作提示：

（1）选择卡点音乐，选择"快"模式，长按"拍视频"按钮拍摄视频，当音乐播放到节奏点时松开手指，依此方法继续拍摄。

（2）选择卡点音乐，选择"倒计时"拍摄模式，根据音乐的节奏设置倒计时时间，然后进行拍摄。

2. 交流讨论制作卡点音乐视频的体会。

（1）在此次视频制作中你遇到了哪些困难？_____

_____

（2）你觉得以后制作这类视频时还能有什么改进的方法？_____

_____

3. 简述某音短视平台可以实现的功能。

能力训练

一、项目实训册填写

分析实训项目样片，在前几章基础上完成样片拍摄制作（将拍摄花絮上传至班级作业群）。

二、自选创意主题作品拍摄、制作、发布（统计发布一周内的点赞数和转发数）。

三、教师点评

_____

_____

_____

项目 6
Adobe Premiere cc 软件的使用

学习目标

- 掌握 PR 软件的使用方法。
- 掌握利用 PR 后期合成技术。
- 培养学生的吃苦精神，树立学生为人民服务的人生观和职业价值观。
- 培养学生的摄像审美与后期编辑能力。
- 培养学生自主学习、敬业、诚信、沟通与合作等职业能力。

任务 1　认识 Adobe Premiere cc

导语

　　Adobe Premiere Pro 是 Adobe 公司旗下的一款视频编辑软件。Premiere 提供了采集、剪辑、调色、美化音频、字幕添加、输出、DVD 刻录的一整套流程，并和其他 Adobe 软件，如 Photoshop After Effects 高效集成，使您足以完成在编辑、制作、工作流上遇到的所有挑战，提升您的创作能力和创作自由度，满足您创建高质量作品的要求。

【查一查】

　　了解 Photoshop 的特点及基本操作流程。

任务 2　Adobe Premiere cc 使用教程

步骤 1：启动 Adobe premiere pro cc 后，显示如图 6-1 所示。

项目6　Adobe Premiere cc 软件的使用

图 6-1

步骤2：新建一个项目（项目是一个包含了序列和相关素材的 Premiere Pro 文件，与其包含的素材之间存在着链接关系。其中储存了序列和素材的一些相关信息和编辑操作的数据），如图 6-2 所示。

pr 的使用方法

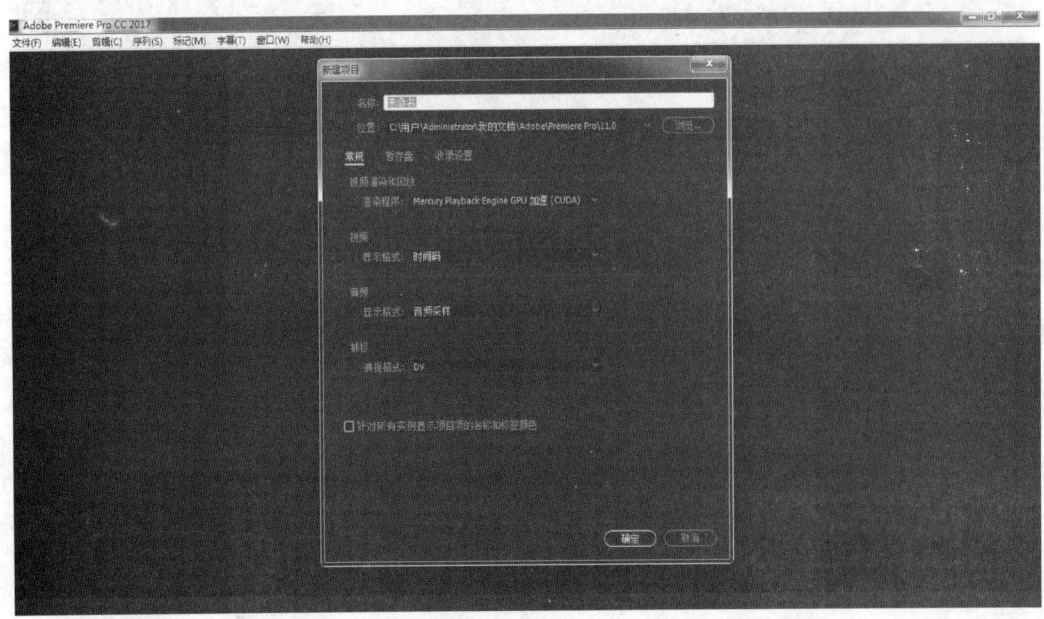

图 6-2

【议一议】

相关的免费素材去哪里能收集到？

步骤3：新建项目后，Premiere会跳出新建项目对话框，你需要在其中为项目的一般属性进行设置（其实都不需要大家手动去设置，选择软件默认就可以），并在对话框下方的位置和名称中设置该项目在磁盘的存储位置（建议大家选择一个比较大的空间作为媒体暂存盘，新建文件夹且命名相应的名称，这样之后缓存的时候比较方便，而且干净。笔者就在D盘新建了一个专门来储存缓存的文件夹）。设置好以后，点击"确定"。进入premiere工作界面，如图6-3所示。

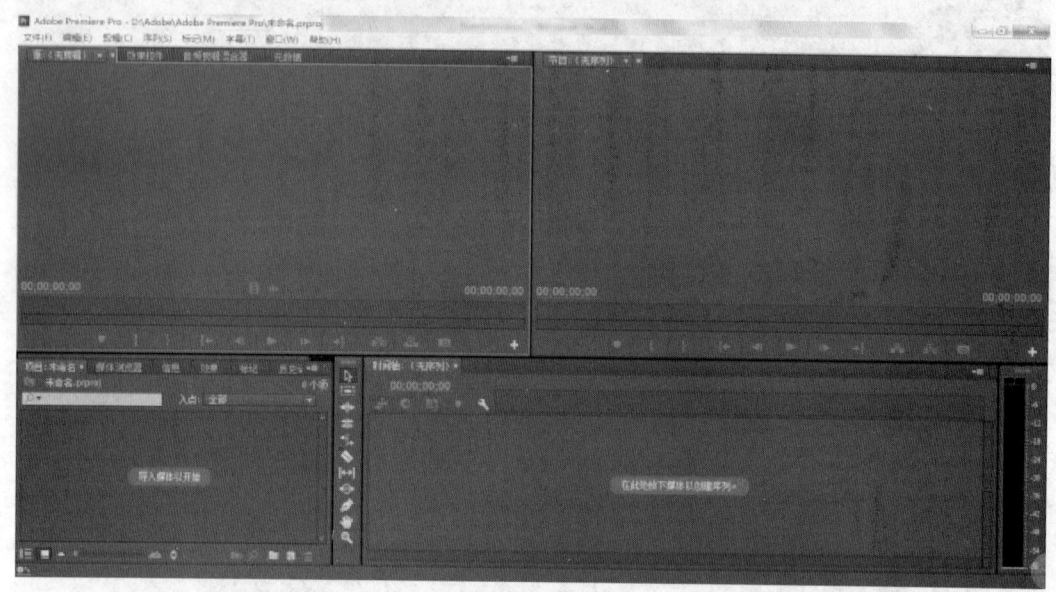

图6-3

【议一议】

用来存储视频的硬盘一般采用多大存储量的？

步骤4：Premiere pro 的工作界面由三个窗口（项目窗口、监视器窗口、时间线窗口）、多个控制面板（媒体浏览、信息面板、历史面板、效果面板、特效控制台面板、调音台面板等）以及主声道电平显示、工具箱和菜单栏组成。

1. 项目窗口。项目窗口主要用于导入、存放和管理素材。编辑影片所用的全部素材应事先存放于项目窗口内，再进行编辑使用。项目窗口的素材可用列表和图标两种视图方式显示，包括素材的缩略图、名称、格式、出入点等信息。在素材较多时，也可为素材分类、重命名，使之更清晰，如图6-4所示。

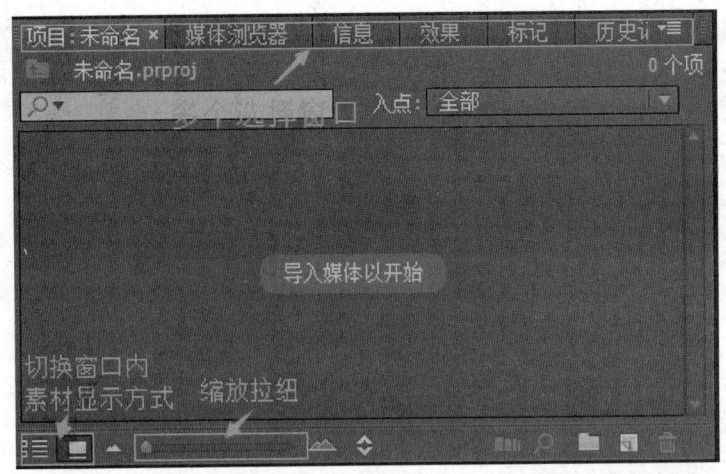

图 6-4

【做中学】

　　识记项目窗口界面的所有内容，小组内比赛，采取问答方式，看谁说得又快又准确。

　　2. 监视器窗口。左侧是"素材源"监视器，主要用于预览或剪裁项目窗口中选中的某一原始素材。右侧是"节目"监视器，主要用于预览时间线窗口序列中已经编辑的素材（影片），也是最终输出视频效果的预览窗口，如图 6-5 所示。

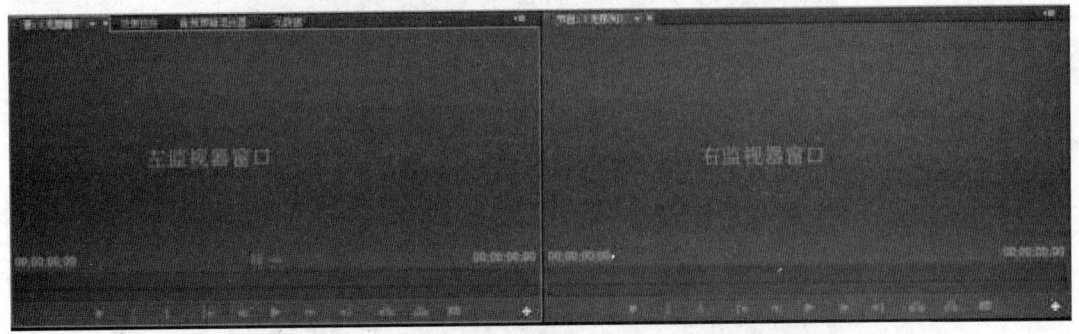

图 6-5

　　3. 时间线窗口。时间线窗口是以轨道的方式实施视频音频组接、编辑素材的阵地，用户的编辑工作都需要在时间线窗口中完成。素材片段按照播放时间的先后顺序及合成的先后层顺序在时间线上从左至右、由上至下排列在各自的轨道上，可以使用各种编辑工具对这些素材进行编辑操作。时间线窗口分为上下两个区域，上方为时间显示区，下方为轨道区，如图 6-6 所示。

图 6-6

【查一查】

查找更多 pr 监视器窗口的教程,提高自学能力。

4. 媒体浏览。媒体浏览器面板可以查找或浏览用户电脑中各磁盘的文件,如图 6-7 所示。

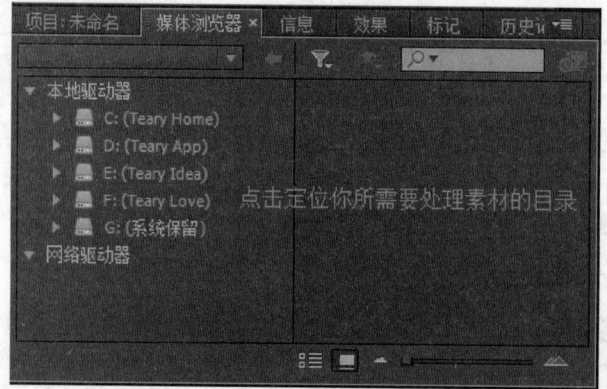

图 6-7

5. 信息面板。信息面板用于显示在项目窗口中所选中的素材的相关信息,包括素材名称、类型、大小、开始及结束点等信息,如图 6-8 所示。

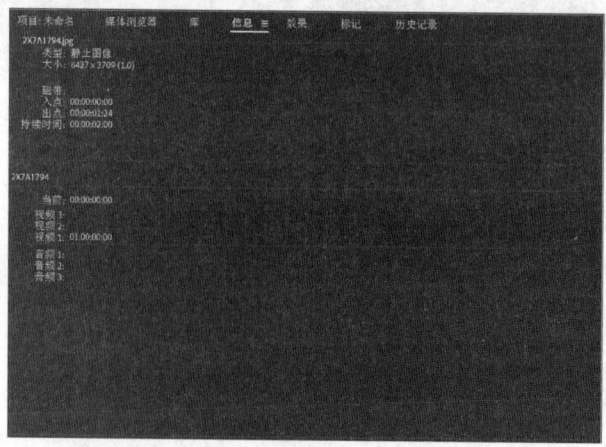

图 6-8

6. 效果面板。效果面板里存放了 Premiere Pro Cc 自带的各种音频、视频特效，切换效果和预设效果，你可以方便地为时间线窗口中的各种素材片段添加特效，如图 6-9 所示。

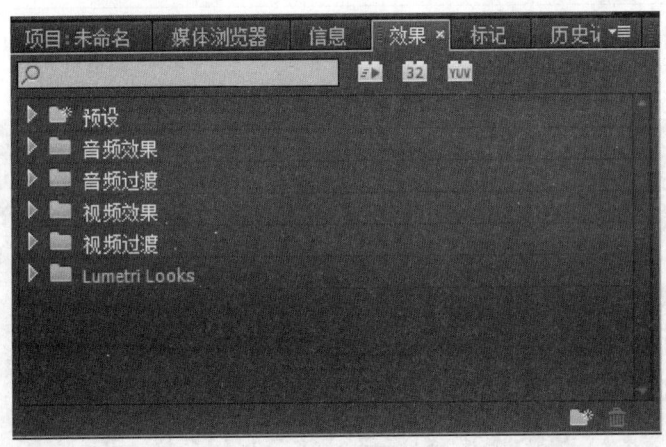

图 6-9

【议一议】

常见的视频过渡效果方式有哪些？

7. 特效控制台面板。当为某一段素材添加了音频、视频特效之后，还需要在特效控制台面板中进行相应的操作，制作画面的运动或透明度效果也需要在这里进行设置，如图 6-10 所示。

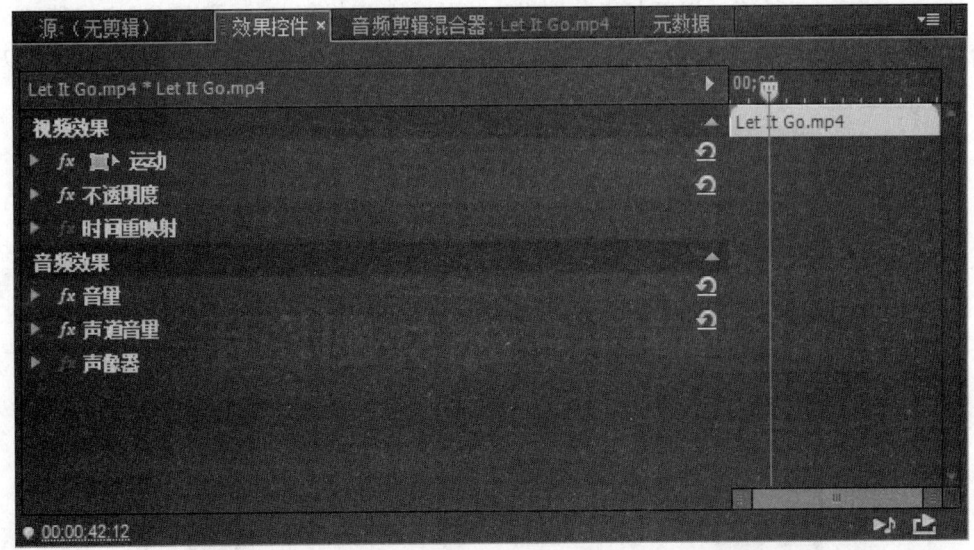

图 6-10

【查一查】

查看时间重映射的操作步骤。

8. 调音台面板。调音台面板主要用于完成对音频素材的各种加工和处理工作，如图 6-11 所示。

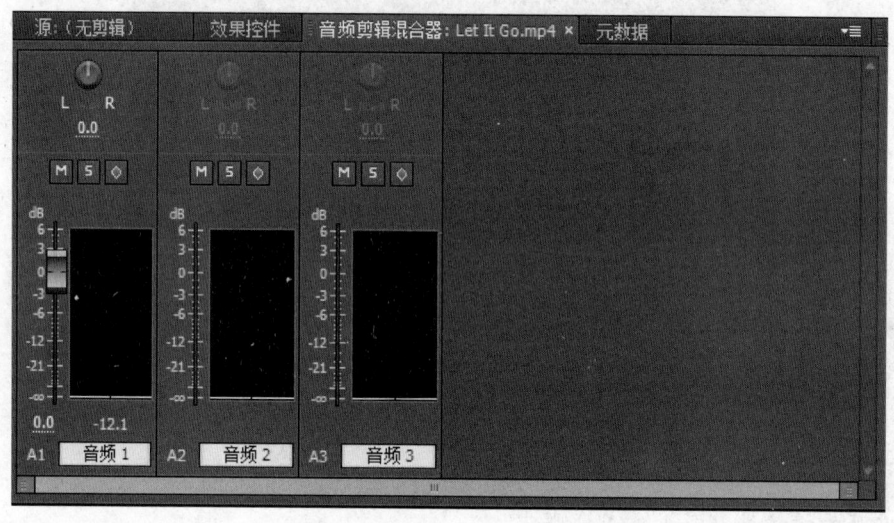

图 6-11

9. 主声道电平面板。主声道面板是显示混合声道输出音量大小的面板。当音量超出安全范围时，在柱状顶端会显示红色警告，用户可以及时调整音频的增益，以免损伤音频设备，如图 6-12 所示。

10. 工具箱。工具箱是视频与音频编辑工作的重要编辑工具，可以完成许多特殊编辑操作。依次为，轨道选择工具、波纹编辑工具、滚动编辑工具、速率伸缩工具、剃刀工具、错落工具、滑动工具、钢笔工具、手型工具、缩放工具，如图 6-13 所示。

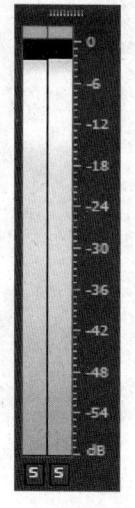

图 6-12

图 6-13

项目 6　Adobe Premiere cc 软件的使用 | 105

【议一议】

　　什么是波纹编辑工具，它有什么作用？

　　11. 菜单栏。Premiere Pro Cc 的操作都可以通过选择菜单栏命令来实现，所有操作命令都包含在这些菜单及其子菜单中，如图 6-14 所示。

图 6-14

　　12. 其他的面板窗口，大家可以自行探索，在此就不一一列举，面板窗口的显示位置以及大小你可以根据自己的喜好进行拖拉设置，如果工作界面过于混乱，请重置工作区，如图 6-15 所示。

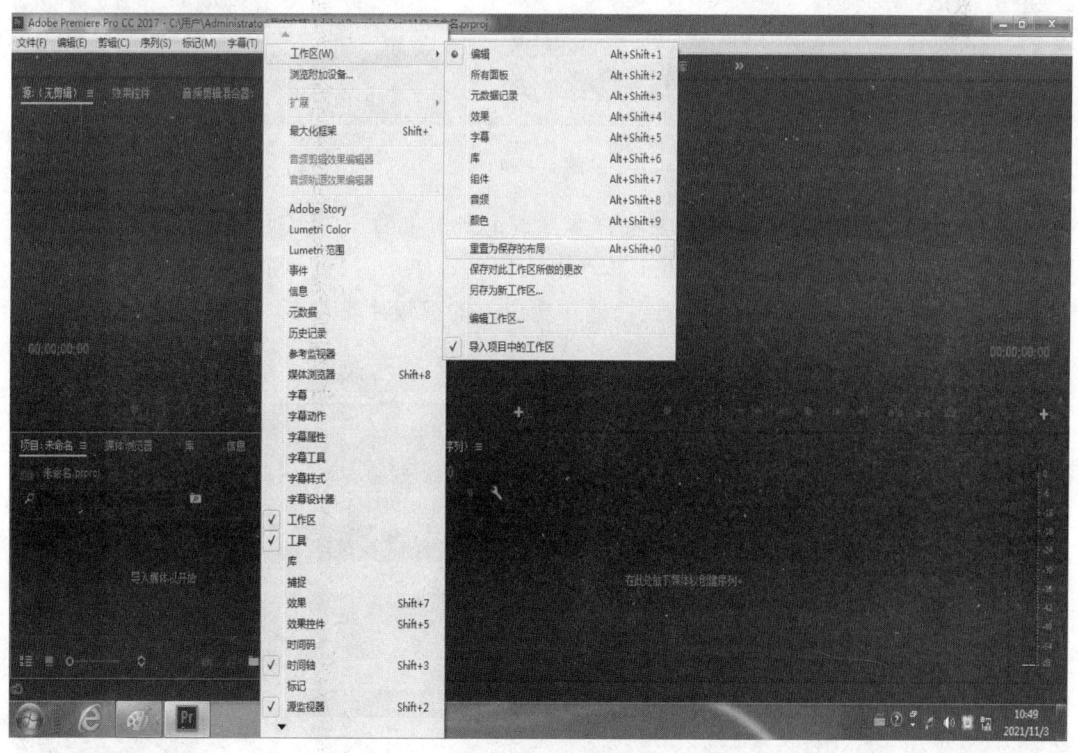

图 6-15

【议一议】

　　在操作过程中容易遇到哪些难题？

任务3 常用工具介绍

步骤1：选择工具。选择工具最主要的作用是用来选中轨道里的片段。点击轨道里的某个片段，该片段即被选中了。按下 shift 键的同时点击轨道里的多段视频片段可以实现多选，如图6-16所示。

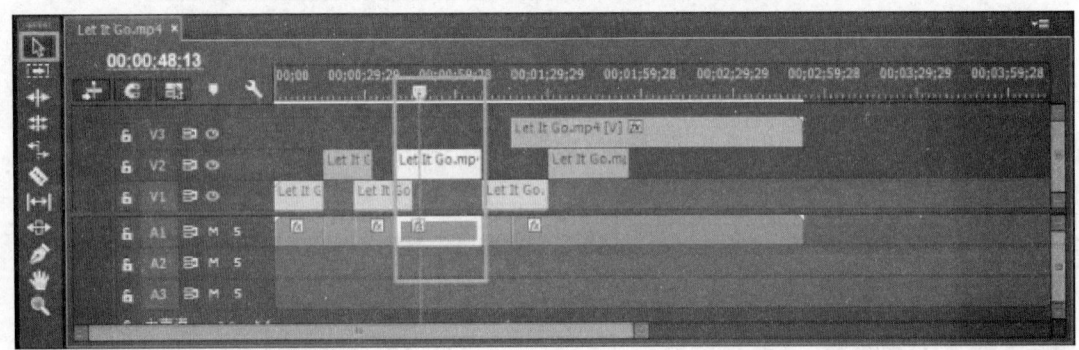

图 6-16

步骤2：轨道选择工具。用轨道选择工具点击轨道里的片段，被点击的片段以及其后面的片段全部被选中。如果按下 shift 键点击不同轨道里的片段，则多个轨道里自不同点击处开始的所有片段都会被选中。该功能在轨道上的视频片段较多，需总体移动时比较方便，如图6-17所示。

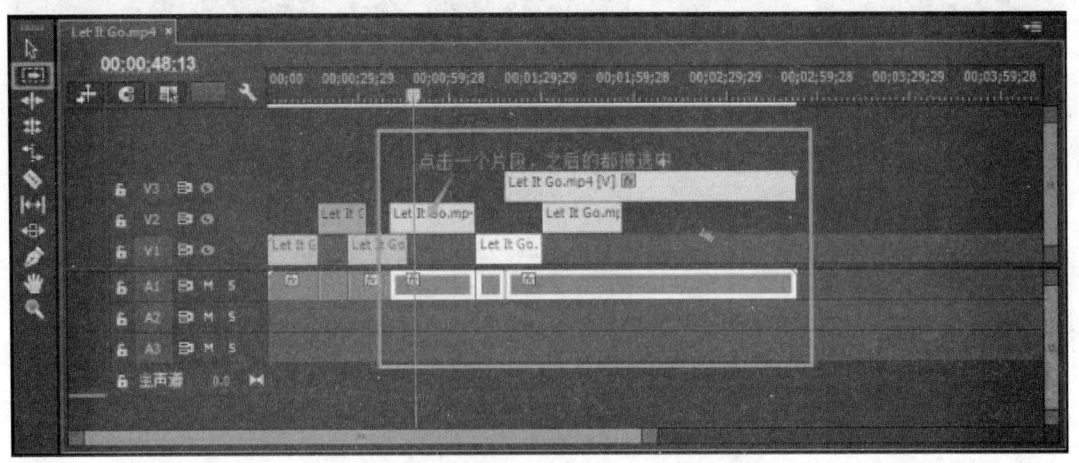

图 6-17

步骤3：速率伸缩工具。用速率伸缩工具拖拉轨道里片段的首尾，可使该片段加快或减慢播放速度，从而缩短或增长时间长度。

步骤4：剃刀工具。用剃刀工具点击轨道里的片段，点击处被剪断，原本的一段片段被剪为两段。

项目 6　Adobe Premiere cc 软件的使用 | 107

【小提示】

工具箱里的工具需要大家去多多练习，才能够得心应手！

步骤 5：导入素材。可以通过双击项目窗口导入，或者在媒体浏览器中浏览，也可以通过"文件"导入，如图 6-18 所示。

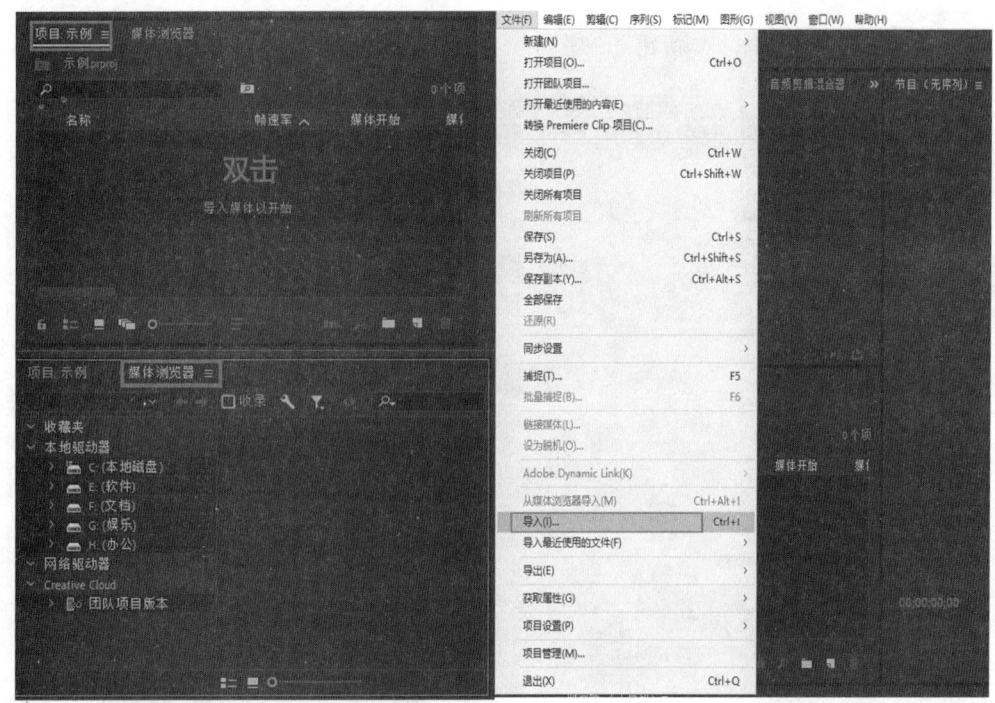

图 6-18

步骤 6：导入素材后，拖动素材至时间线窗口，如图 6-19 所示。

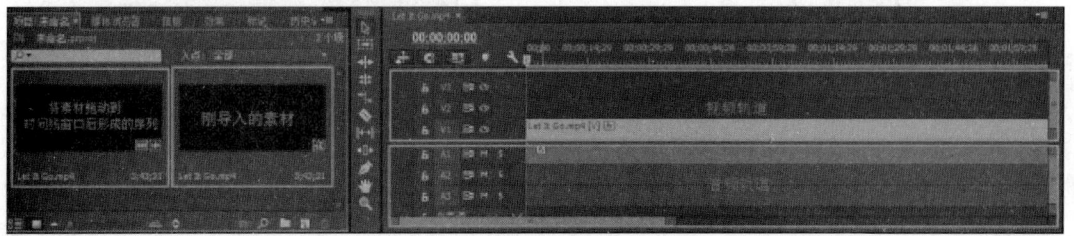

图 6-19

【小提示】

想要理解序列，首先你要理解"帧"的概念，一帧就是一幅完整的图像。一段视频是由多个帧构成的。比如帧率为30，长度为一秒的视频，就是由30幅完整的图像连续播放构成。序列则是将这些帧独立出来，一张序列图像就是一帧，这样的好处是便于精确编辑每一帧。

我们可以通过"文件""新建""序列"首先来创建一个序列，如图6-20所示。

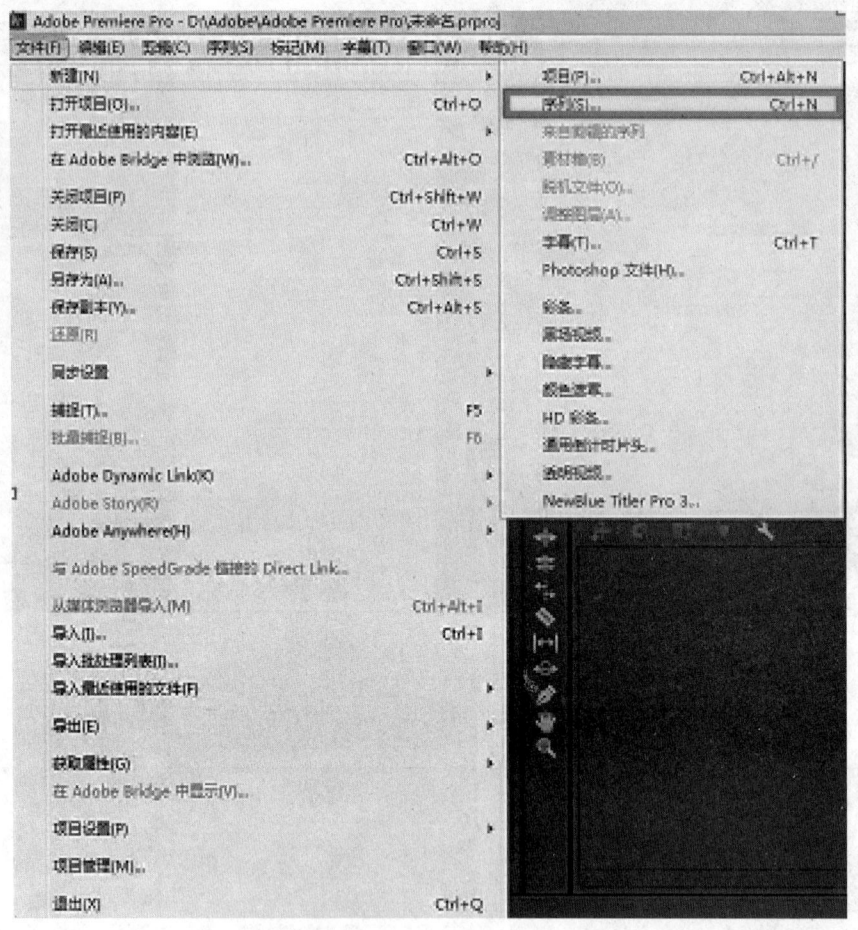

图6-20

你需对项目序列的参数进行设置。在跳出的新建序列对话框中，根据视频素材的拍摄机器不同，选择不同的有效预设。如DV分类中有DV-24p、DV-NTSC和DV-PAL三种。不同的分类代表不同的制式。世界上主要使用的电视广播制式有PAL、NTSC、SECAM三种，德国、中国使用PAL制式，日本、韩国及东南亚地区与美国使用NTSC制式，俄罗斯则使用SECAM制式，如图6-21所示。

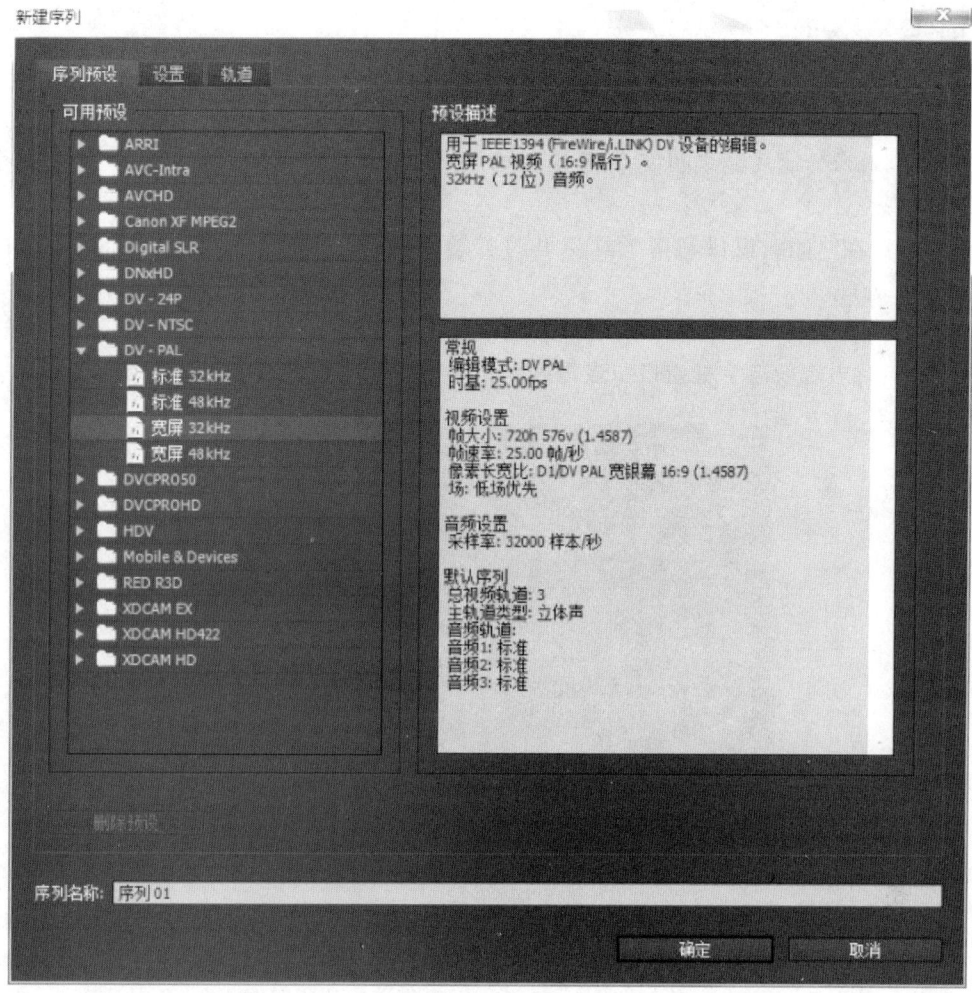

图 6-21

【查一查】

　　查一查 PAL、NTSC、SECAM 这三种电视广播制式的发展历程。

　　标准和宽银幕分别对应 "4∶3" 和 "16∶9" 两种屏幕的屏幕比例（又称纵横比）。16∶9 主要用于电脑的液晶显示器和宽屏幕电视播出，4∶3 主要用于早期的显像管电视机播出。随着高清晰电视越来越多采用宽屏幕，16∶9 的纵横比也在剪辑中更多被选择。从视觉感受分析，16∶9 的比例更接近黄金分割比，也更利于提升视觉愉悦度。若素材是 4∶3 的比例，而剪辑时选择 "16∶9" 的预设，则画面上的物体会被拉宽，造成图像失真。

　　32kHz 和 48kHz 是数字音频领域常用的两个采样率。采样频率是描述声音文件的音质、音调，衡量声卡、声音文件的质量标准，采样频率越高，即采样的间隔时间越短，则在单位时间内计算机得到的声音样本数据就越多，对声音波形的表示也越精确。

　　需要注意的是，项目一旦建立，有的设置将无法更改！

知识卡片

如遇到混叠，以下两种措施可避免混叠的发生：

（1）提高采样频率，使之达到最高信号频率的两倍以上；

（2）引入低通滤波器或提高低通滤波器的参数；该低通滤波器通常称为抗混叠滤波器。

步骤7：在时间线窗口利用工具箱里的工具以及效果窗口的效果对你的视频进行剪辑、加工、处理。

步骤8：添加字幕。在菜单栏中，点击"文件"—"新建"—"字幕"，或快捷键"Ctrl + T"，会出现新建字幕窗口。点击确定，即出现字幕设计窗口，如图6-22所示。

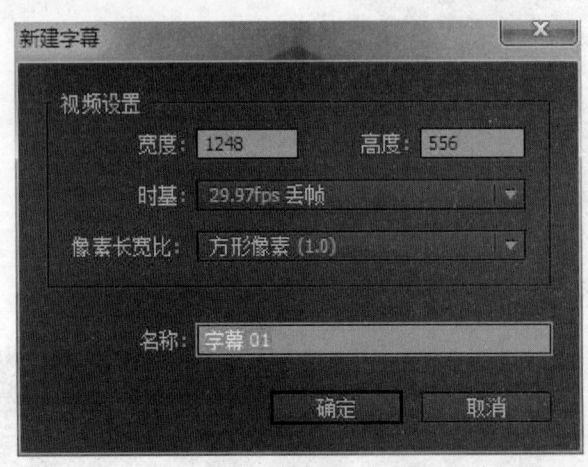

图 6-22

1. 字幕设计窗口主要分为6个区域：正中间的是编辑区，字幕的制作就是在编辑区域里完成。左边是工具箱，里面有制作字幕、图形的20种工具按钮以及对字幕、图形进行的排列和分布的相关按钮。窗口下方是字幕样式，其中有系统设置好的22种文字风格，也可以将自己设置好的文字风格存入风格库中。右边是字幕属性，里面有对字幕、图形设置的属性、填充、描边、阴影等栏目。其中在属性栏目里，用户可以设置字幕文字的字体、大小、字间距等；在填充栏目里，可以设置文字的颜色、透明度、光效等；在描边栏目里，可以设置文字内部、外部描边；在阴影栏目里，可以设置文字阴影的颜色、透明度、角度、距离和大小等。窗口的右下角是转换区，可以对文字的透明度、位置、宽度、高度以及旋转进行设置。窗口的上方是其他工具区，有设置字幕运动或其他设置的一些工具按钮，如图6-23所示。

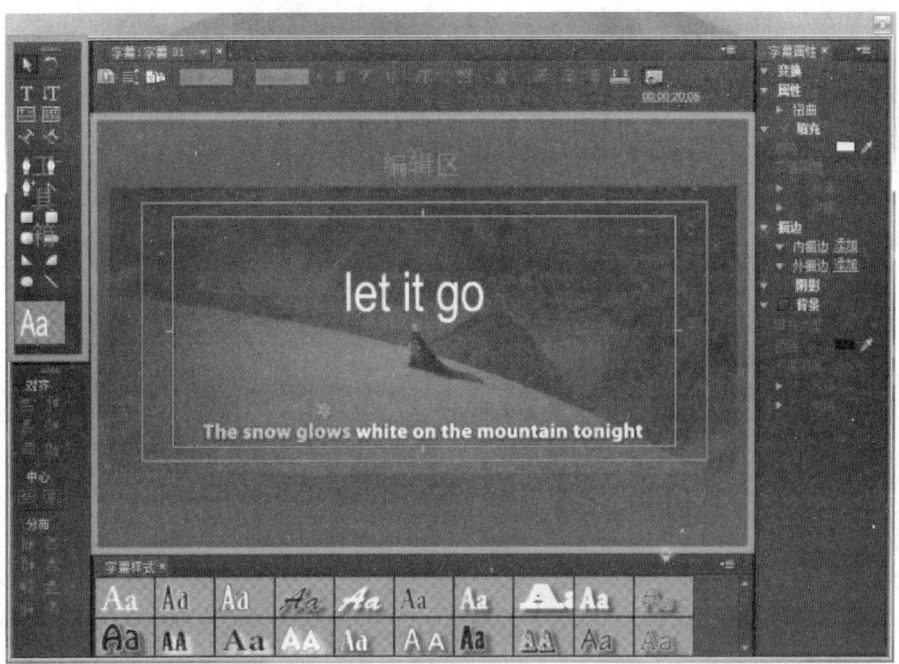

图 6-23

2. 当我们对字幕设置完成后，点击关闭字幕设计窗口，系统会自动对字幕保存，并将其作为一个素材出现在项目窗口中，如图 6-24 所示。

图 6-24

3. 将保存后的字幕文件（素材）直接从项目窗口中拖入时间线窗口的对应的视频素材上方轨道上释放即可，如图6-25所示。

图6-25

4. 当我们需要对已做好的字幕进行修改时，只需双击该字幕素材，即可重新打开该字幕的字幕设计窗口，再次对字幕进行修改。修改后，同样点击关闭字幕设计窗口，系统会自动将修改后的字幕保存。

步骤9：影片输出。影视素材编辑好后，可以进行输出。点击菜单栏的"文件"—"导出"—"媒体"，会出现"导出设置"窗口。选择"格式"窗口中的不同格式预设。双击"输出名称"，为视频改名。如需高清模式，可以在右下方勾选"使用最高渲染质量"，然后点击导出，如图6-26所示。这样一部完整的视频就做好了。

图 6-26

知识卡片

画面中尽量避免纯黑、纯白色，即使是黑色，采用压到非常暗的红色，蓝色等来代替，将会使整体的色彩更协调，由整体色调来决定具体的色调。如果感觉片子不够亮或不够暗，尽量避免整体加亮或减暗的绝对方法处理，代之以增大亮部面积和比例之类的相对方法解决。使用曲线工具更易控制画面局部的调整。对于金属光泽的质感，主要原则是"金不怕黑"，也就是说金属质感的产生必须要有暗部，尽量使用移动的灯光营造流动的高光效果来代替反射贴图，可以使用负值的灯光来制造暗部。

任务4 实训案例讲解

利用短视频，推广家乡特产，助力扶贫攻坚。

实训案例：柚美时光

本案例通过将素材导入 Premiere 中，然后为视频效果与动画效果，最终生动展现出作品的效果。

下面将需要的媒体素材导入 Premiere 中，并为素材添加效果和进行美化，然后创建嵌套序列，具体操作方法如下。

步骤1：新建"柚美时光"项目文件，在项目面板中单击"新建素材箱"按钮，创建二个素材箱并重命名，然后选择"素材"素材箱，如图 6-27 所示。

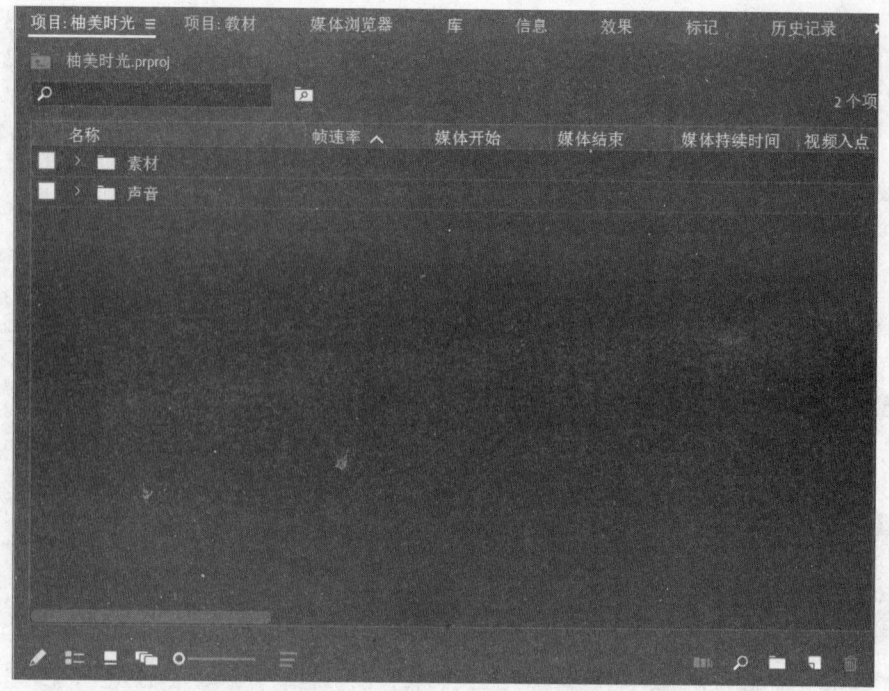

图 6 – 27

步骤 2：按 "Ctrl + I" 组合键打开 "导入" 对话框，选择要导入的素材文件，然后单击 "打开" 按钮，如图 6 – 28 所示。

图 6 – 28

步骤3：在项目面板中单击"新建项"按钮，在弹出的列表中选择"序列"选项，如图6-29所示。

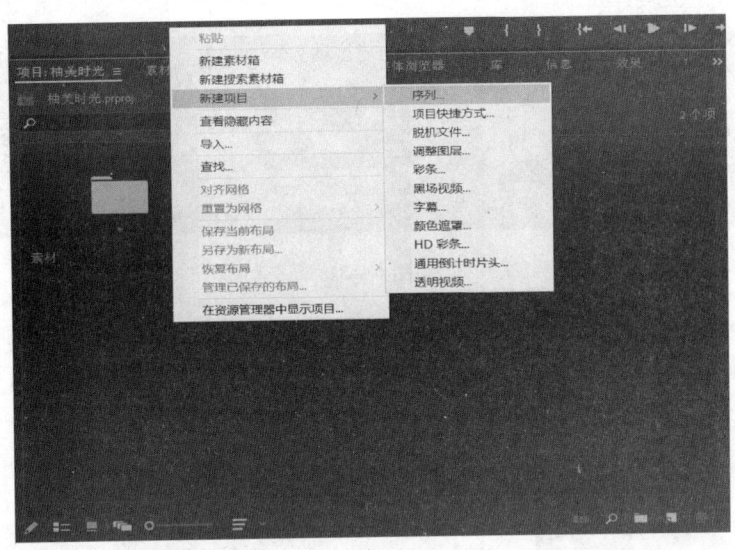

图6-29

步骤4：弹出"新建序列"对话框，打开"设置"选项卡，在"编辑模式"下拉列表框中选择"自定义"选项，设置"时基"为25帧/秒，然后设置视频参数，单击"确定"按钮，如图6-30所示。

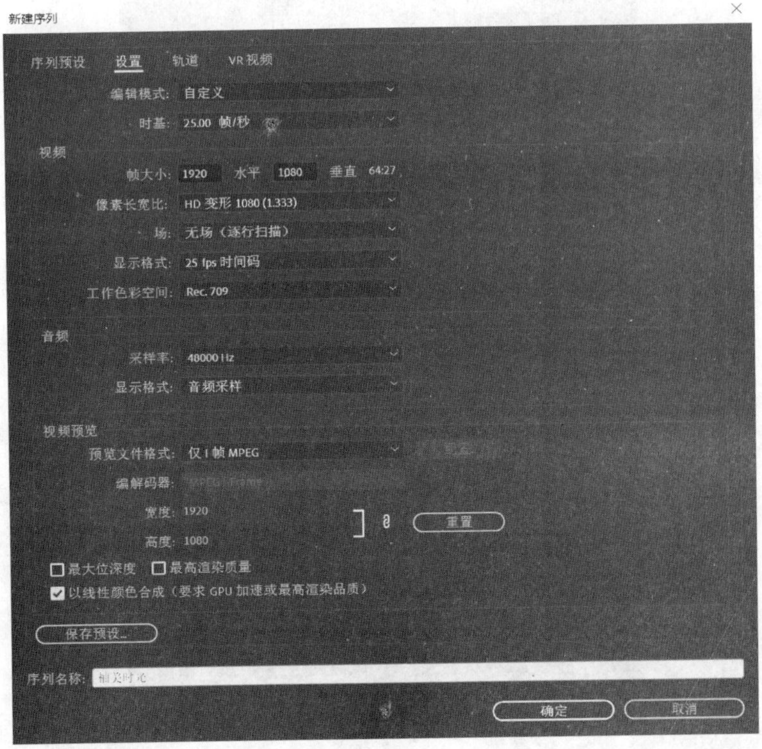

图6-30

步骤5：导入素材出现图中警告，点击选择更改序列设置，如图6-31所示。

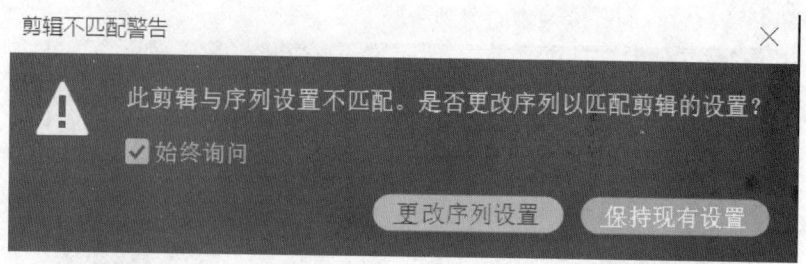

图6-31

步骤6：对导入的素材进行音视频分离操作，单击鼠标右键，找到取消链接按钮。其余导入的素材依次按此操作进行。按"Delete"键删除掉声音部分。导入声音素材，如图6-32所示。

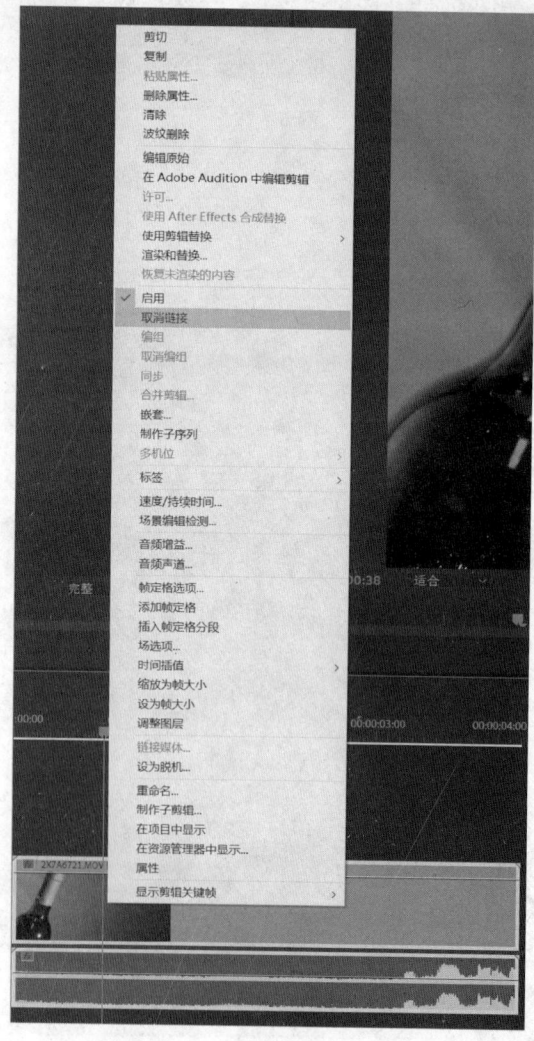

图6-32

步骤 7：对导入的第一段视频进行加快播放，速度由 100% 调整为 200%，如图 6-33 所示。

步骤 8：对画面 2 中的长度进行修剪，选择剃刀工具，在合适的位置进行裁剪，去掉多余的部分，如图 6-34 所示。

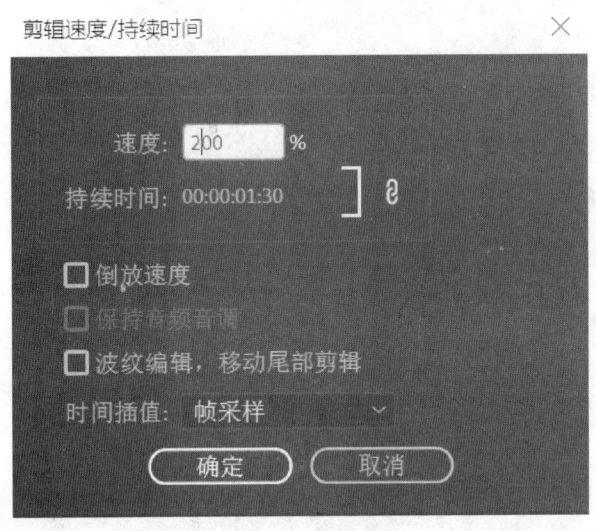
图 6-33

图 6-34

步骤 9：对画面 2 做一个加速和减速效果，选中画面 2，鼠标右键"显示剪辑关键帧"的"时间重映射"，如图 6-35 所示。

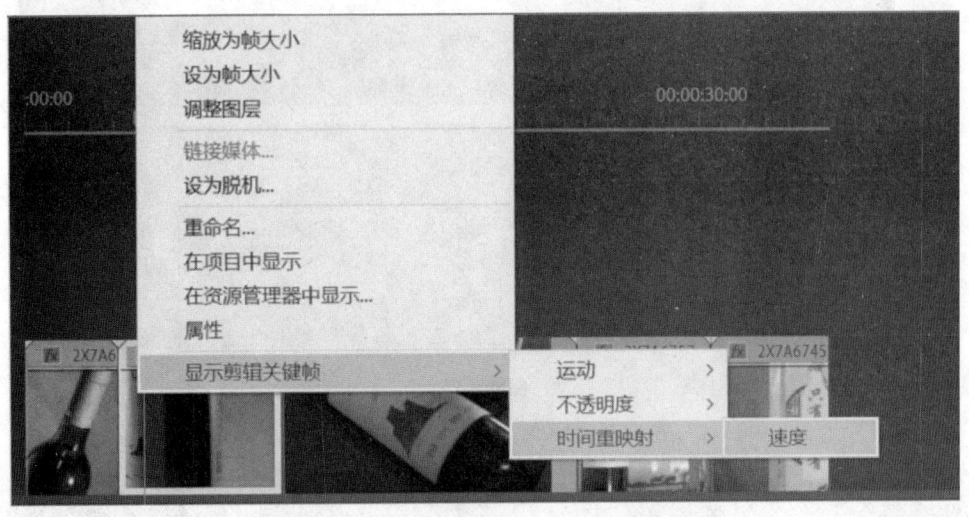
图 6-35

步骤 10：根据音效对画面 2 进行慢放和加速调整，如图 6-36 所示。

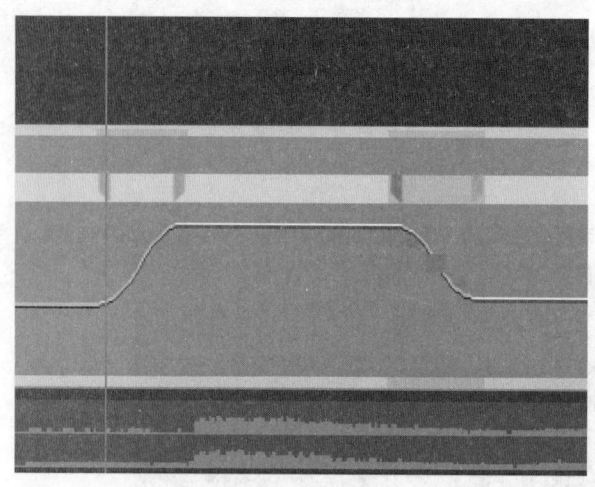

图 6-36

步骤 11：调整改变速度的贝塞尔曲线，让画面变得更加流畅。

步骤 12：对画面 3 进行由放大到缩小的改变，选中画面 3，选择"效果控件"，找到缩放，打两个关键帧，数值由 110 变成 100，如图 6-37 所示。

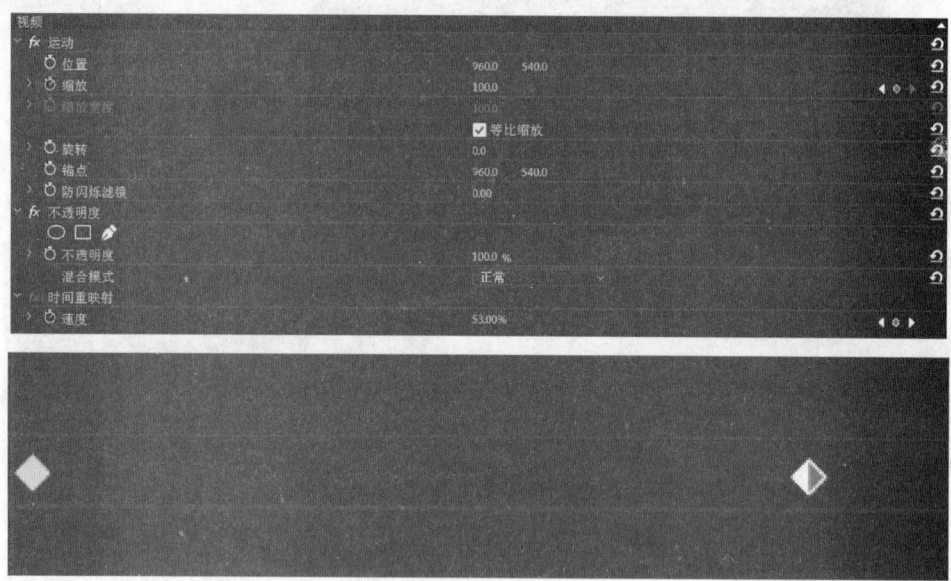

图 6-37

步骤 13：画面 4、5、6 根据音乐选择合适的入点和出点进行裁剪，如图 6-38 所示。

图 6-38

步骤 14：为每个画面添加转场，在项目面板中找到"效果"，点击视频过渡，如图 6-39 所示。

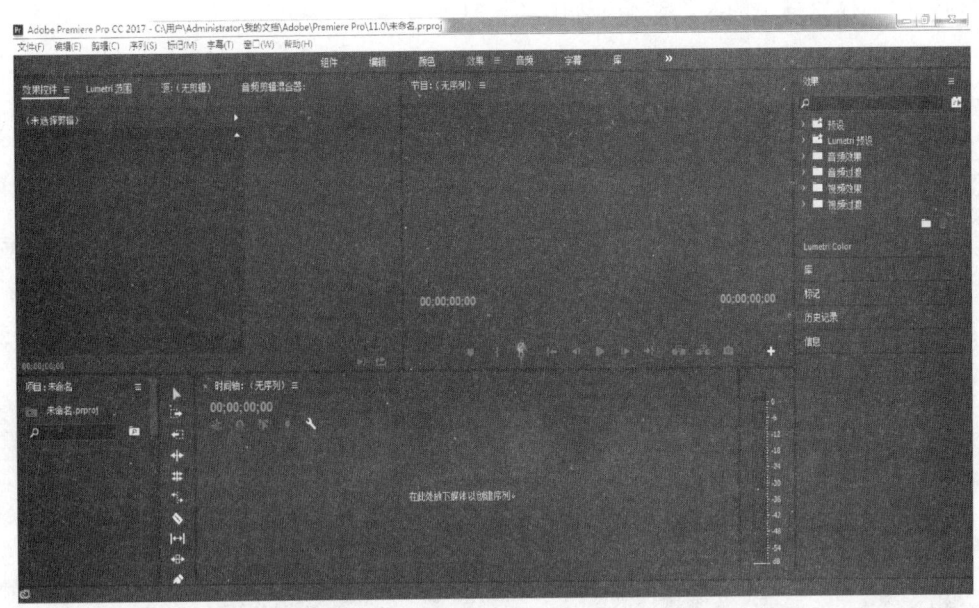

图 6-39

步骤 15：添加完效果后可以在"效果控件"中调节参数，达到自己想要的效果，如图 6-40 所示。

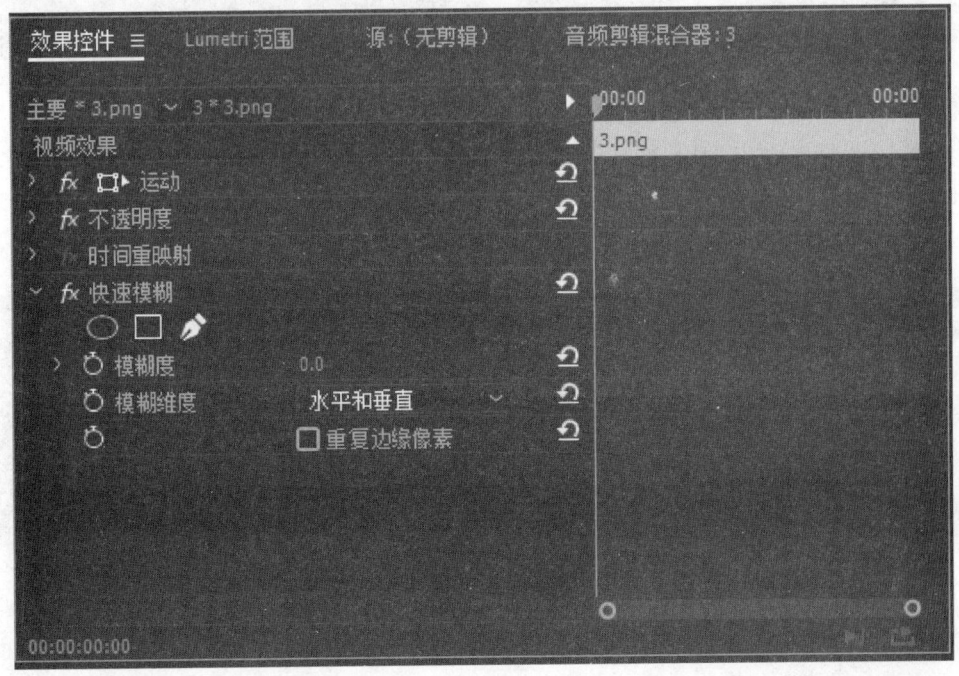

图 6-40

步骤16：整段素材剪辑完成后，进行导出，快捷键"Ctrl + M"输出或者选择"文件—导出—媒体"菜单，在打开的"导出设置"对话框的导出设置选项组中，在"格式"下拉列表中选择要输出的文件类型，如图6-41所示。

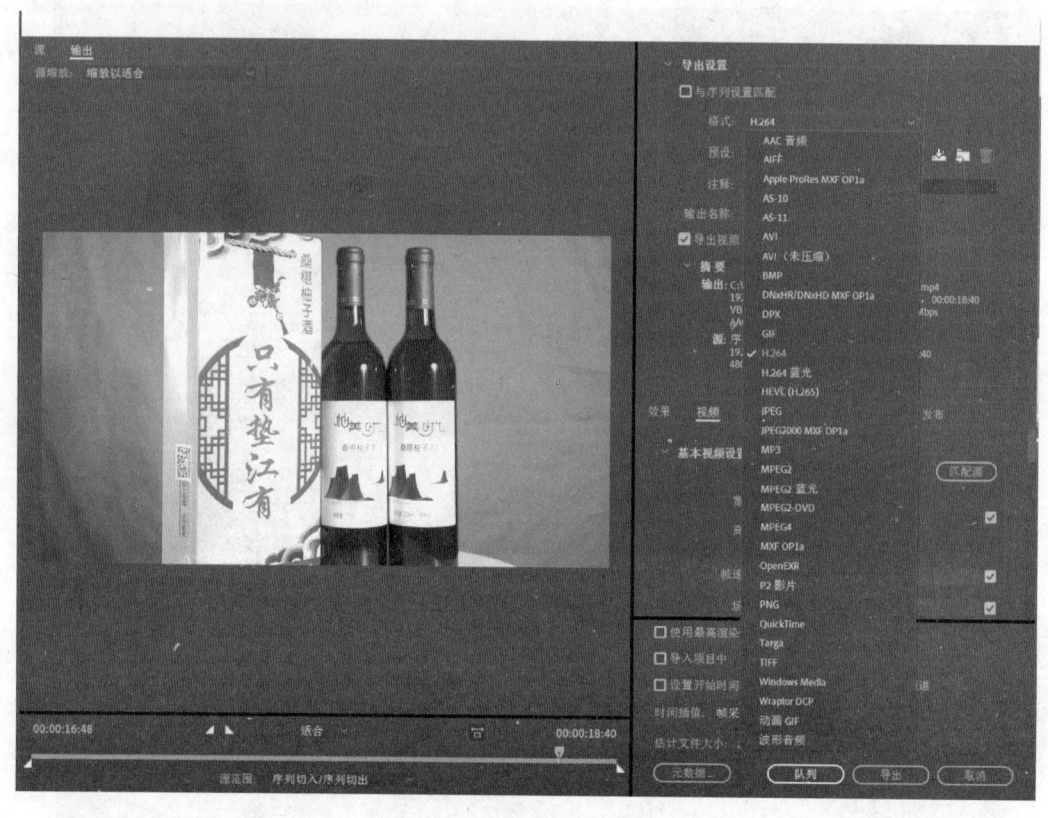

图6-41

步骤17：要想输出MP4格式，选择h.264。若只需要输出视频的部分片段，可在"导出设置"对话框左侧的"输出"选项卡下方的时间标尺上设置入点和出点来剪辑视频，如图6-42所示。

图6-42

步骤18：最后，单击"导出设置"对话框底部的"导出"按钮，即可将序列以设置好的参数进行输出，如图6-43所示。

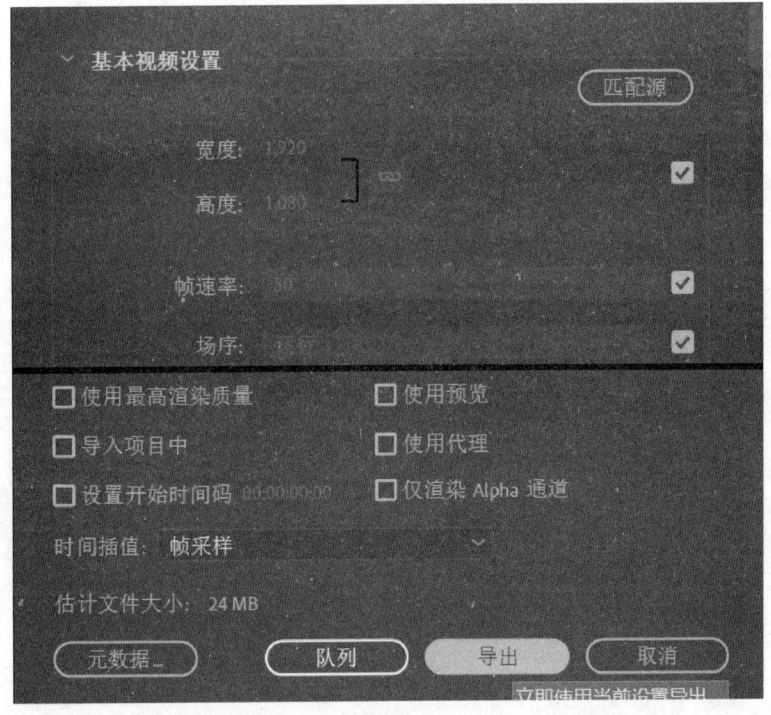

图 6-43

通过本课堂的练习，相信大家对剪辑有了一定的了解。下面大家通过几个视频的制作加深对 PR 的熟悉。

课后习题

1. 简述短视频在剪辑与包装的过程中需要注意哪些事项。
2. 利用实训素材，在 PR 中完成样片的制作。

能力训练

小组合作开展训练，体验拍摄和剪辑，完成以下任务。

一、调查了解当地特产，并完成拍摄任务

小组合作，组内合理分工，完成以下拍摄任务。

1. 拍摄一段介绍垫江特产黄沙白柚的视频。
2. 视频中穿插群众对黄沙白柚的看法。

二、打开 Adobe Premiere cc 软件，完成视频编辑

1. 视频时长不超过三分钟。
2. 添加合适的片头片尾。

3. 加入适合的音乐、配音、字幕。

三、视频评比

1. 派代表介绍拍摄缘由、简述拍摄内容及过程。
2. 在班级上选出喜爱度前三的作品，并颁发奖状和奖品。

四、教师点评

_____
_____
_____

项目 7
短视频项目实训

导 语

　　本章是全书的实训项目。项目以 6 个小微电商产品为拍摄对象，任务典型、真实、完整。通过完成本章节实训，明确短视频创意设计→拍摄规划→正式拍摄→剪辑制作→作品完善→发布推广这一完整的工作过程，提升读者的专业能力、社会能力和方法能力，增强读者热爱乡土的"三农"情怀，帮助打造电商品牌的热情和爱岗敬业的劳动态度。

实训 1　橙子短视频制作

一、实训要求

1. 观看橙子短视频样片，完成以下实训内容。
2. 制作类似视频效果。

二、实训内容

（一）准备

1. 分析橙子短视频样片，填写制作流程，并列举所需器材。

流程：

器材：

2. 分析橙子短视频样片中的镜头方法，填写在表 7-1 中。

表 7-1

时间段	景别	镜头运动

3. 分析橙子短视频样片中的构图方法，填写在表 7-2 中。

表 7-2

时间段	构图方法	效果

4. 分析橙子短视频样片，完成分镜头脚本撰写，脚本模板如表 7-3 所示。

表 7-3

镜号	景别	技巧	场景	内容			效果	音乐	备注
				动作	时长	对白			

续表

镜号	景别	技巧	场景	内容			效果	音乐	备注
				动作	时长	对白			

（二）制作

1. 完成橙子样片短视频制作（将拍摄花絮上传至班级作业群）。
2. 添加新意，再次创作。

拍摄注意事项：

（1）保持画面的构图平衡。
（2）尽量利用自然光。
（3）尽量顺光拍摄。
（4）移动镜头要有规律。
（5）移动镜头要平稳。
（6）合理使用对焦功能。
（7）充分掌握手动调节功能。
（8）围绕中心物体拍摄。
（9）注重环境与细节的拍摄。
（10）掌握拍摄时间。

（三）发布

在某音平台上发布并推广作品。

三、实训作品评分表（如表 7-4 所示）

表 7-4

项目	细则	分值	得分
内容	内容合乎要求，能科学、完整地表达主题思想	10	
创造性	有一定的想象力和个性表现力	10	

续表

项目	细则	分值	得分
技术性	视频处理：是否运用到滤镜效果、覆盖效果、转场效果等	20	
	音频处理：声音是否与主题相符，是否原创，是否设置声音特效等	20	
	画面处理：灯光、色彩运用得当，构图合理生动，主题表现恰当，过渡自然，画面高级	15	
	文字处理：片头与片尾是否添加字幕，中间字幕是否同步，是否添加字幕特效	10	
	输出：是否按照要求输出视频（大小、格式）	5	
推广	平台点赞率和转发量	10	

总得分_____　　　　　　　　　　　评价人_____

实训 2　咖啡短视频制作

一、实训要求

1. 观看咖啡短视频样片，完成以下实训内容。
2. 制作类似视频效果。

二、实训内容

（一）准备

1. 分析咖啡短视频样片，填写制作流程，并列举所需器材。

流程：

器材：

2. 分析咖啡短视频样片中的镜头方法，填写在表 7-5 中。

表 7-5

时间段	景别	镜头运动

续表

时间段	景别	镜头运动

3. 分析咖啡短视频样片中的构图方法，填写在表 7-6 中。

表 7-6

时间段	构图方法	效果

4. 分析咖啡短视频样片，完成分镜头脚本撰写，脚本模板如表 7-7 所示。

表 7-7

镜号	景别	技巧	场景	内容			效果	音乐	备注
				动作	时长	对白			

（二）制作

1. 完成咖啡样片短视频制作（将拍摄花絮上传至班级作业群）。
2. 添加新意，再次创作。

拍摄注意事项：

(1) 保持画面的构图平衡。
(2) 尽量利用自然光。
(3) 尽量顺光拍摄。
(4) 移动镜头要有规律。
(5) 移动镜头要平稳。
(6) 合理使用对焦功能。
(7) 充分掌握手动调节功能。
(8) 围绕中心物体拍摄。
(9) 注重环境与细节的拍摄。
(10) 掌握拍摄时间。

（三）发布

在某音平台上发布并推广作品。

三、实训作品评分表（如表7-8所示）

表7-8

项目	细则	分值	得分
内容	内容合乎要求，能科学、完整地表达主题思想	10	
创造性	有一定的想象力和个性表现力	10	
技术性	视频处理：是否运用到滤镜效果、覆盖效果、转场效果等	20	
	音频处理：声音是否与主题相符，是否原创，是否设置声音特效等	20	
	画面处理：灯光、色彩运用得当，构图合理生动，主题表现恰当，过渡自然，画面高级	15	
	文字处理：片头与片尾是否添加字幕，中间字幕是否同步，是否添加字幕特效	10	
	输出：是否按照要求输出视频（大小、格式）	5	
推广	平台点赞率和转发量	10	

总得分_____   评价人_____

实训 3　牛肉短视频制作

一、实训要求

1. 观看牛肉短视频样片,完成以下实训内容。
2. 制作类似视频效果。

二、实训内容

（一）准备

1. 分析牛肉短视频样片,填写制作流程,并列举所需器材。

流程：

器材：

2. 分析牛肉短视频样片中的镜头方法,填写在表 7-9 中。

表 7-9

时间段	景别	镜头运动

3. 分析牛肉短视频样片中的构图方法,填写在表 7-10 中。

表 7-10

时间段	构图方法	效果

4. 分析牛肉短视频样片，完成分镜头脚本撰写，脚本模板如表 7-11 所示。

表 7-11

镜号	景别	技巧	场景	内容			效果	音乐	备注
				动作	时长	对白			

（二）制作

1. 完成牛肉样片短视频制作（将拍摄花絮上传至班级作业群）。
2. 添加新意，再次创作。

拍摄注意事项：

（1）保持画面的构图平衡。

（2）尽量利用自然光。

（3）尽量顺光拍摄。

（4）移动镜头要有规律。

（5）移动镜头要平稳。

（6）合理使用对焦功能。

（7）充分掌握手动调节功能。

（8）围绕中心物体拍摄。

（9）注重环境与细节的拍摄。

（10）掌握拍摄时间。

（三）发布

在某音平台上发布并推广作品。

三、实训作品评分表（如表7-12所示）

表7-12

项目	细则	分值	得分
内容	内容合乎要求，能科学、完整地表达主题思想	10	
创造性	有一定的想象力和个性表现力	10	
技术性	视频处理：是否运用到滤镜效果、覆盖效果、转场效果等	20	
	音频处理：声音是否与主题相符，是否原创，是否设置声音特效等	20	
	画面处理：灯光、色彩运用得当，构图合理生动，主题表现恰当，过渡自然，画面高级	15	
	文字处理：片头与片尾是否添加字幕，中间字幕是否同步，是否添加字幕特效	10	
	输出：是否按照要求输出视频（大小、格式）	5	
推广	平台点赞率和转发量	10	

总得分_____   评价人_____

实训4　手表短视频制作

一、实训要求

1. 观看手表短视频样片，完成以下实训内容。
2. 制作类似视频效果。

二、实训内容

（一）准备

1. 分析手表短视频样片，填写制作流程，并列举所需器材。

流程：

器材：

2. 分析手表短视频样片中的镜头方法，填写在表 7 – 13 中。

表 7 – 13

时间段	景别	镜头运动

3. 分析手表短视频样片中的构图方法，填写在表 7 – 14 中。

表 7 – 14

时间段	构图方法	效果

4. 分析手表短视频样片，完成分镜头脚本撰写，脚本模板如表 7 – 15 所示。

表 7-15

镜号	景别	技巧	场景	内容			效果	音乐	备注
				动作	时长	对白			

（二）制作

1. 完成手表样片短视频制作（将拍摄花絮上传至班级作业群）。
2. 添加新意，再次创作。

拍摄注意事项：

（1）保持画面的构图平衡。
（2）尽量利用自然光。
（3）尽量顺光拍摄。
（4）移动镜头要有规律。
（5）移动镜头要平稳。
（6）合理使用对焦功能。
（7）充分掌握手动调节功能。
（8）围绕中心物体拍摄。
（9）注重环境与细节的拍摄。
（10）掌握拍摄时间。

（三）发布

在某音平台上发布并推广作品。

三、实训作品评分表(如表 7-16 所示)

表 7-16

项目	细则	分值	得分
内容	内容合乎要求,能科学、完整地表达主题思想	10	
创造性	有一定的想象力和个性表现力	10	
技术性	视频处理:是否运用到滤镜效果、覆盖效果、转场效果等	20	
	音频处理:声音是否与主题相符,是否原创,是否设置声音特效等	20	
	画面处理:灯光、色彩运用得当,构图合理生动,主题表现恰当,过渡自然,画面高级	15	
	文字处理:片头与片尾是否添加字幕,中间字幕是否同步,是否添加字幕特效	10	
	输出:是否按照要求输出视频(大小、格式)	5	
推广	平台点赞率和转发量	10	

总得分_____   评价人_____

实训 5 相机短视频制作

一、实训要求

1. 观看相机短视频样片,完成以下实训内容。
2. 制作类似视频效果。

二、实训内容

(一)准备

1. 分析相机短视频样片,填写制作流程,并列举所需器材。

流程:

器材:

2. 分析相机短视频样片中的镜头方法,填写在表 7-17 中。

表 7-17

时间段	景别	镜头运动

3. 分析相机短视频样片中的构图方法，填写在表 7-18 中。

表 7-18

时间段	构图方法	效果

4. 分析相机短视频样片，完成分镜头脚本撰写，脚本模板如表 7-19 所示。

表 7-19

镜号	景别	技巧	场景	内容			效果	音乐	备注
				动作	时长	对白			

续表

镜号	景别	技巧	场景	内容			效果	音乐	备注
				动作	时长	对白			

（二）制作

1. 完成相机样片短视频制作（将拍摄花絮上传至班级作业群）。
2. 添加新意，再次创作。

拍摄注意事项：

（1）保持画面的构图平衡。
（2）尽量利用自然光。
（3）尽量顺光拍摄。
（4）移动镜头要有规律。
（5）移动镜头要平稳。
（6）合理使用对焦功能。
（7）充分掌握手动调节功能。
（8）围绕中心物体拍摄。
（9）注重环境与细节的拍摄。
（10）掌握拍摄时间。

（三）发布

在某音平台上发布并推广作品。

三、实训作品评分表（如表 7-20 所示）

表 7-20

项目	细则	分值	得分
内容	内容合乎要求，能科学、完整地表达主题思想	10	
创造性	有一定的想象力和个性表现力	10	

续表

项目	细则	分值	得分
技术性	视频处理：是否运用到滤镜效果、覆盖效果、转场效果等	20	
	音频处理：声音是否与主题相符，是否原创，是否设置声音特效等	20	
	画面处理：灯光、色彩运用得当，构图合理生动，主题表现恰当，过渡自然，画面高级	15	
	文字处理：片头与片尾是否添加字幕，中间字幕是否同步，是否添加字幕特效	10	
	输出：是否按照要求输出视频（大小、格式）	5	
推广	平台点赞率和转发量	10	

总得分_____　　　　　　　　　　评价人_____

实训6　柚美时光短视频制作

一、实训要求

1. 观看柚美时光短视频样片，完成以下实训内容。
2. 制作类似视频效果。

二、实训内容

（一）准备

1. 分析柚美时光短视频样片，填写制作流程，并列举所需器材。

流程：

器材：

2. 分析柚美时光短视频样片中的镜头方法，填写在表7-21中。

表7-21

时间段	景别	镜头运动

续表

时间段	景别	镜头运动

3. 分析柚美时光短视频样片中的构图方法，填写在表 7-22 中。

表 7-22

时间段	构图方法	效果

4. 分析柚美时光短视频样片，完成分镜头脚本撰写，脚本模板如表 7-23 所示。

表 7-23

镜号	景别	技巧	场景	内容			效果	音乐	备注
				动作	时长	对白			

（二）制作

1. 完成柚美时光样片短视频制作（将拍摄花絮上传至班级作业群）。
2. 添加新意，再次创作。

拍摄注意事项：

（1）保持画面的构图平衡。
（2）尽量利用自然光。
（3）尽量顺光拍摄。
（4）移动镜头要有规律。
（5）移动镜头要平稳。
（6）合理使用对焦功能。
（7）充分掌握手动调节功能。
（8）围绕中心物体拍摄。
（9）注重环境与细节的拍摄。
（10）掌握拍摄时间。

（三）发布

在某音平台上发布并推广作品。

三、实训作品评分表（如表7-24所示）

表7-24

项目	细则	分值	得分
内容	内容合乎要求，能科学、完整地表达主题思想	10	
创造性	有一定的想象力和个性表现力	10	
技术性	视频处理：是否运用到滤镜效果、覆盖效果、转场效果等	20	
	音频处理：声音是否与主题相符，是否原创，是否设置声音特效等	20	
	画面处理：灯光、色彩运用得当，构图合理生动，主题表现恰当，过渡自然，画面高级	15	
	文字处理：片头与片尾是否添加字幕，中间字幕是否同步，是否添加字幕特效	10	
	输出：是否按照要求输出视频（大小、格式）	5	
推广	平台点赞率和转发量	10	

总得分_____   评价人_____